新生代农民工城市生活宝典

王强 周宝玲 张伶莉 著

XINSHENGDAINONGMINGONG
CHENGSHISHENGHUOBAODIAN

河南大学出版社

图书在版编目(CIP)数据

新生代农民工城市生活宝典/ 王强,周宝玲,张伶莉著. —郑州:河南大学出版社,2012.5
ISBN 978-7-5649-0611-5

Ⅰ.①新… Ⅱ.①王…②周…③张… Ⅲ.①城市—生活—基本知识—中国 Ⅳ.①D669.3

中国版本图书馆 CIP 数据核字(2011)第 274960 号

责任编辑	刘利晓
责任校对	李 明
封面设计	吕 玮

出版发行	河南大学出版社
地 址	郑州市郑东新区商务外环中华大厦2401号
邮 编	450046
电 话	0371-86059712(高等教育出版分社)
	0371-86059715(营销部)
网 址	www.hupress.com
排 版	郑州市今日文教印制有限公司
印 刷	开封市精彩印务有限公司
版 次	2012年5月第1版
印 次	2012年5月第1次印刷
开 本	787mm×1092mm 1/16
印 张	13
字 数	226千字
印 数	1-8000册
定 价	25.00元

(本书如有印装质量问题,请与河南大学出版社营销部联系调换)

序　言

共青团河南省委书记　侯　红

社会发展环境对当代青年的影响是广泛而深刻的,与广大青年的积极参与也是息息相关的。新生代农民工问题既是中国高速工业化、城市化过程中出现的一个重大经济问题、社会问题,在某种程度上也是一个重大的政治问题。共青团是执政党的青年组织,它的根本职责就是要不断巩固和扩大党长期执政的青年群众基础,团结带领青年为实现中华民族伟大复兴而奋斗。做好青年工作,必须研究社会组织的现代变革。对于分析社会组织来说,认真研究、思考新生代农民工群体发展的新课题,既有重要的现实意义,又有深远的历史意义。

《新生代农民工城市生活宝典》立足于我国经济社会快速发展和社会群体结构变迁的宏观背景,以社会发展与新生代农民工的互动关系为整个研究的主线,围绕中国社会主义现代化进程中农民工群体的发展变迁,详细记录了新生代农民工面对社会成员的水平流动和垂直流动障碍以及城市弱势群体的利益诉求、权益维护等问题的生存、生活和发展状态。全书上篇从历史及现代的角度利用多个鲜活、生动的个案研究了新生代农民工群体的思想观念、社会认知和心理认同等特征,细致分析了新生代农民工参与社会发展活动方式、行为选择和发展趋势,为做好新生代农民工工作提出了针对性的建议。下篇对新生代农民工涉及的权益维护、劳动就业、社会参与、社会管理、权利表达等诸多突出问题提供了建设性的建议,有利于新生代农民工更加全面地认识社会,更加快速地融入城市,更加有效地维护自身合法权益。

作为当代农民工的主体,新生代农民工既有与老一代农民工相似的一面,也体现出由于成长环境、社会经历等方面的不同而形成的代际差异和新群体特征,他们面临着许多新的问题。关注这个群体在成长中面临的问题,帮助他们解决困难和提供良好的成长与发展机会,是构建社会主义和

谐社会的应有之义,也是共青团组织义不容辞的责任。期盼着王强、周宝玲、张伶莉三位同志在青少年理论研究领域推出更多的成果,也深深期盼全社会都树立积极开放和现代理性的共识,都来关注新生代农民工的生活发展问题,真正地帮助他们尽快融入城市生活,更好地成长进步。

2011 年 11 月

目 录

上 篇

第一章　新生代农民工阶层的崛起 …………………………………… 1
　一、历史上的人口迁徙 ………………………………………………… 1
　二、新生代农民工的城市寻梦 ………………………………………… 4
　三、农民工的代际比较 ………………………………………………… 7

第二章　撑起共和国的大厦 …………………………………………… 13
　一、新生代农民工已成为产业工人的主体 …………………………… 13
　二、城市的发展已离不开新生代农民工 ……………………………… 17
　三、打工改变了新生代农民工的命运 ………………………………… 20

第三章　行走在城市边缘 ……………………………………………… 26
　一、在城市里觅食的候鸟们 …………………………………………… 26
　二、安得广厦千万间 …………………………………………………… 30
　三、遭白眼的城市过客 ………………………………………………… 34

第四章　受伤害的总是新生代农民工 ………………………………… 39
　一、新生代农民工往往是悲剧的主角 ………………………………… 39
　二、职业病危害着新生代农民工 ……………………………………… 45
　三、新生代农民工的健康状况不容乐观 ……………………………… 49

第五章　新生代农民工的子女不应该输在起跑线上 ………………… 57
　一、"望子成龙"是中国人的梦想 ……………………………………… 57
　二、漂泊在城市里的学堂 ……………………………………………… 63
　三、谁来照看"留守娃" ………………………………………………… 70

第六章 满腔的情愫向谁说 ·················· 77
　　一、寂寞笼罩着新生代农民工 ················ 77
　　二、从"讨薪"到"讨性" ···················· 82

第七章 不该歧视新生代农民工 ·············· 88
　　一、新生代农民工曾被妖魔化 ················ 88
　　二、城市凭什么容不下他们 ·················· 93
　　三、他们不愿再做城市的"过客" ·············· 98

第八章 全社会都要关心新生代农民工 ······ 104
　　一、新社保曙光初照 ······················· 104
　　二、人们在关注着新生代农民工 ············· 109
　　三、全国将有一场"新市民"运动 ············· 114

下　篇

第一章 务工准备知多少 ··················· 121
　　一、对务工人员各方面的要求 ··············· 121
　　二、务工信息的主要获取途径 ··············· 122
　　三、务工人员需要准备的证件 ··············· 123
　　四、务工前的相关培训 ····················· 124
　　五、职业资格证书的办理 ··················· 125
　　六、职业技能鉴定的申请 ··················· 126
　　七、需持职业资格证书就业的工种 ··········· 128

第二章 旅途安全最重要 ··················· 131
　　一、进城时间的选择 ······················· 131
　　二、交通工具的选择 ······················· 131
　　三、乘坐火车要注意的事项 ················· 132
　　四、乘坐汽车要注意的事项 ················· 133
　　五、乘坐轮船要注意的事项 ················· 133
　　六、晕车、晕船的简单防治 ················· 134
　　七、旅途中的注意事项 ····················· 134
　　八、务工途中出现走失现象怎么办 ··········· 136

第三章　有的放矢找工作 ……………………………………… 137

一、务工工种类型有哪些 ……………………………… 137
二、务工人员主要集中的行业 ………………………… 137
三、进城找工作的注意事项 …………………………… 138
四、如何选择适合自己的工作 ………………………… 139
五、在劳动力市场可以获得哪些就业信息 …………… 140
六、如何对待各种招聘信息 …………………………… 140
七、面试前应做好的准备工作 ………………………… 141
八、面试时要注意的事项 ……………………………… 142
九、如何回答面试中所提的问题 ……………………… 143

第四章　劳动合同是法宝 ……………………………………… 145

一、务工人员找到单位后应当注意的问题 …………… 145
二、用工单位不签订劳动合同怎么办 ………………… 146
三、劳动合同的期限种类 ……………………………… 146
四、劳动合同应具备的内容 …………………………… 147
五、用工单位变更名称是否会影响劳动合同的履行 … 148
六、务工人员在哪些情况下可以解除劳动合同 ……… 148
七、用工单位在哪些情况下可以解除劳动合同 ……… 149
八、什么情况下劳动合同终止 ………………………… 149
九、什么情况下可以变更劳动合同 …………………… 150
十、集体合同的订立 …………………………………… 150

第五章　提高素质走天下 ……………………………………… 152

一、做合格的好员工 …………………………………… 152
二、身有技术好赚钱 …………………………………… 153
三、影响同事间关系的几种行为 ……………………… 154
四、掌握说话的技巧 …………………………………… 155
五、换工作的注意事项 ………………………………… 156
六、自信、勤奋、有毅力是取得成功的关键 ………… 157
七、学会控制自己的情绪 ……………………………… 158

第六章　上岗了解诸多事 ……………………………………… 160

一、了解各种保险 ……………………………………… 160
二、哪些单位需要为职工办理基本养老保险 ………… 163

三、哪些单位和个人需要参加失业保险 …………………… 164
四、哪些单位和个人需要参加基本医疗保险 ………………… 164
五、哪些单位必须参加工伤保险 …………………………… 164
六、务工人员如何参加失业保险 …………………………… 165
七、务工人员如何参加基本医疗保险 ……………………… 165
八、务工人员基本养老保险关系能否转移接续 …………… 165

第七章 工资问题应知晓 ………………………………… 166

一、什么是标准工作时间 …………………………………… 166
二、务工人员的工作时间 …………………………………… 167
三、与务工人员相关的工资报酬 …………………………… 167
四、加班工资的计算方法 …………………………………… 168
五、工资应多久支付一次 …………………………………… 168
六、用工单位可以扣发务工者的哪部分工资 ……………… 168
七、什么是最低工资 ………………………………………… 169
八、务工者每月最低工资应为多少 ………………………… 169

第八章 维护权益靠法律 ………………………………… 170

一、务工人员享有的基本权利和应当履行的义务 ………… 170
二、务工人员在劳动保护方面享有的权利和应当履行的义务 … 170
三、国家对女工的"四期"保护规定有哪些 ……………… 171
四、未成年工的特殊劳动保护内容有哪些 ………………… 172
五、常见的侵犯务工人员合法权益的现象有哪些 ………… 172
六、用工单位拖欠务工人员工资的常用方法有哪些 ……… 173
七、患了职业病该怎么办 …………………………………… 174
八、务工期间出了工伤事故怎么解决 ……………………… 174
九、什么是劳动争议 ………………………………………… 176
十、法院受理哪些劳动争议案件 …………………………… 177
十一、法律援助范围及程序 ………………………………… 177
十二、如何向劳动保障监察部门投诉 ……………………… 178

第九章 城市生活有讲究 ………………………………… 180

一、城市的行为规范和生活习惯 …………………………… 180
二、在城市里应遵守哪些交通规则 ………………………… 181
三、如何查询电话号码 ……………………………………… 181

四、常用的急救电话有哪些 …………………………… 181
　　五、如何安排业余生活 ………………………………… 182
　　六、申办和使用储蓄卡的注意事项 …………………… 183
　　七、存款、取款与汇款的注意事项 …………………… 183
　　八、常见的骗局有哪些 ………………………………… 185
　　九、女工如何进行自身安全的保护 …………………… 186

第十章　发展创业最光荣 ………………………………… 188
　　一、学到手的技术回到家乡还能用上吗 ……………… 188
　　二、确定自己的创业目标 ……………………………… 189
　　三、创业的基本程序 …………………………………… 189
　　四、创业时要注意的问题 ……………………………… 190
　　五、少投资也可以挣钱的职业 ………………………… 192

后　　记 …………………………………………………… 194

上篇

第一章
新生代农民工阶层的崛起

一、历史上的人口迁徙

（一）洪洞大槐树的记忆

在冀、鲁、豫、皖、苏的广大农村地区，只要随便一问当地农民的祖籍，他们大多会说：山西洪洞大槐树。在山西洪洞县贾村附近，有一处浓荫墓地，这片槐柳相间的树丛，每年都会招来络绎不绝的游人来这里寻根问祖、祈福未来。

走进树丛，一座古朴的木牌坊迎面而立。它四柱三门，中门高大，门额有横匾，匾上雕着"誉延嘉树"四个斗大的古体字。过木牌坊不远处有一座古亭，亭内矗立着一块高大的石碑，上书"古大槐树处"五个字。延誉数百年的第一代大槐树，成为后人的永久记忆。第一代大槐树消失以后，其根部又生出一棵小槐树，人称第二代槐树，这第二代槐树不知何年何月枯死，如今树体尚在而枝叶全无，只有躯干直刺天空。说来也怪，第二代槐树死后，在它的根部又生出一棵第三代槐树，年年枝繁叶茂，茁壮无比。

山西一方面地处黄土高原，四周高山峻岭，易守难攻，避免了战乱之祸，另一方面，连年丰收，经济繁荣，社会安定，人丁兴旺。据记载，当时河南、河北两省的人口加起来才300多万，而山西一省的人口就达400万。山西境内的人口以晋南为多，洪洞县又是晋南的大县，因此移民以洪洞县为重点便在情理之中了。

早在唐朝时，洪洞县城北郊就有一座规模宏大的寺院，称为广济寺，里边有汉槐一棵。据记载，这棵槐树须五个男人和一个女人手拉手才能围抱一圈,于是官府便把移民局设在了广济寺。寺旁的大槐树就成了各地移民聚集的明显标志。

一棵老槐树以及老槐树上的老鸹窝竟成了亿万人心中的"故乡",成了许多中华儿女魂牵梦萦的精神寄托,同时也分明流露出发生在明朝初年那场大规模移民活动中的血泪情别。

和尚皇帝朱元璋登基后,鉴于政治、经济、文化诸多方面的需要,曾多次颁布诏令,开始大规模地移民。他一方面强令苏、松、嘉、湖地区的富商迁于其龙兴之地濠州和龙居之地南京,另一方面组织以山西大槐树为中心的山西人迁居至受战乱较多、人口稀少的地区。以山西大槐树为中心的移民规模最大、涉及范围最广,移民地区涉及今天的18个省市的500多个县市,移民总数逾百万。

据史载,明初的移民活动前后持续近50年。由于移民活动大都选择在农闲的晚秋时节进行,而此时的槐树叶已经凋零,只剩下光秃秃的树冠和醒目的老鸹窝。栖息于树桠间的老鸹,在萧瑟的秋风中发出声声哀鸣。被迫踏上不归之路的移民一步一回头,渐行渐远,遥望着大槐树的老鸹窝,不禁潸然泪下,依依惜别。天长地久,岁月无情地冲刷去了寄居他乡的山西移民们对故土几乎所有的记忆,只有那临行前的大槐树和老鸹窝,成了他们思念故土的排解物,进而变成了对故土记忆的象征性符号,深深地融进了移民后裔的血脉之中,成为他们魂牵梦萦的精神家园。

(二)中国历史上三次大规模人口迁徙

中国历史上第一次大规模人口迁徙是在魏晋南北朝时期。在西晋末年永嘉之乱后,中原人民不堪阶级和民族的双重压迫,纷纷渡淮渡江,争相南下。此后,中原每一次较大的政治变动,如祖逖北伐、淝水之战、刘裕北伐和北魏南侵等,都带来一次较大规模的人口南徙。据史载,截至刘宋王朝,南渡人口为90万,占刘宋王朝全部人口的1/6多。北方三个人中有一个人南渡,南方六个人中有一个来自北方的侨民。与此同时,周边的少数民族如匈奴、鲜卑、羯、氐、羌等史称"五朝"的大量人口也迁移到南方,给南方带来了充足的劳动力,使江南地区得到了极大的发展,为我国经济重心逐步南移奠定了基础。

发生在唐天宝十四年(公元755年)的"安史之乱",造成中国历史上第二次大规模人口迁徙。晚年的唐玄宗,享国日久,丧失了初年的向上精神,沉溺于享乐,宠爱曾是儿媳的杨贵妃,由提倡节俭变为挥金如土,以致群小当道,国事日非,使安禄山有了可乘之机,发动叛乱。战乱使大唐社会遭到了一次浩劫,也加深了民族矛盾。中原人民为了避乱,纷纷大批南迁。"安史之乱"后,南、北方人口比例首次平衡。人口的大量南迁使南方得到进一步的开发,特别是江淮、太湖地区的荒地被大量开垦,成为中国新的财富地区,到五代时期南方经济开始超过北方。

中国历史上第三次大规模人口迁徙是以北宋末年的"靖康之难"为始,延至南宋末年。公元1101年,宋哲宗驾崩,太子赵佶即位,是为徽宗。宋徽宗是史上有名的风流天子和昏君。他以奸臣蔡京为宰相,并重用童贯、高俅等佞臣,从此宗王朝的政治进入了最黑暗、最腐朽的时期。公元1161年,金国撕毁了与南宋的和约,大举南侵,淮河流域成了主战场,迫使淮河流域的人口南迁到长江流域的浙江、江苏、湖南和江西等地。忽必烈继承汗位后,于公元1273年出动大批蒙古兵南侵,发动了消灭南宋的战争,主要战场在长江中下游地区。当地居民为躲避战乱,大量地向珠江流域迁徙,主要进入了今天的广东、广西、福建等地。北方人民的南迁,使得南方的经济地位已经超过了北方,财政收入也超过了北方。这些表明:中国古代经济重心南移的进程最终完成。

(三) 新中国人口流动的历史与现状

新中国成立后,国家政府对人口流动,特别是对农民工的流动,经历了一个从完全禁止、逐步放开再到鼓励扶持的过程,人口流动在不同时期显现出不同的特点。

1953年7月,中央政务院发布了《关于制止农民盲目流入城市的紧急通知》,开始对农民进城进行限制。1957年,国务院作出规定,要求"各单位一律不得从农村中招工和私自录用盲目流入城市的人员"。到了1958年,新中国颁布了第一部户籍制度《中华人民共和国户口登记条例》,确立了一套较完善的户口管理制度。此后,一系列政策和规定的出台把户口制度与住房制度、人事劳动制度及社会福利制度联系在一起,城乡由此形成了不可逾越的鸿沟,从根本上限制了农民向城市流动。从新中国成立到改革开放初期,我国人口流动处于停滞阶段。

在那个年代却出现了一个怪现象,城里的青年到农村去,居然长达20年。早在20世纪的50年代,毛泽东发出了号召,号召知识分子到广阔的农村去大显身手,成就一番作为。以邢燕子、董加耕、侯隽为代表的人物成为先进典型。大诗人郭沫若还写诗道:"邢燕子,燕子好,青春献农村,青春永不老……"历史不是激情,随着各种历史的转换,知青"上山下乡"的内涵和外延都发生了扭曲和变化。到了20世纪六七十年代,"上山下乡"运动达

到高潮。1968年,"最高指示"发表后,全国"上山下乡"的青年达500万,"上山下乡"演化成了政治运动。"文化大革命"中的知青"上山下乡"运动,给我国经济社会带来了深远的负面影响。据有关方面的调查,"文革"十年间,我国少培养100万名以上大专毕业生和200万名以上的中专毕业生,致使我国在现代化建设中一度急缺人才。

　　1979年到1988年,农村人口开始小规模流动。当时,农民有了经营自主权,生产积极性大大地提高,农村剩余劳动力开始向城市流动。出于城市经济发展的需要,农民被允许安排在城市里从事第三产业以及城市的各项建设事业。1988年,外出务工的农村劳动力就达2000万人。但由于城乡隔绝的体制原因,城市对外来人口的管理自然控制得较紧。

　　1989年到1994年,是农村人口流动的冲击阶段。这一时期,众多因素的影响促成更多的农民涌向城市。这是因为,城市经济的发展加速了城市居民生活水平的提高,强烈地吸引着农村里不安于贫困而想改变生活面貌的农民。同时也因为此前走出去进城打工并率先致富的农民的示范效应,吸引着更多人外出。一时间,中西部的一些省,如皖、赣、湘、豫等的一些县、市流出的农民占总劳动力的20%~30%。

二、新生代农民工的城市寻梦

(一)艰难的城市寻梦路

　　中国人多,中国农民也多。中国农民一生下来,就打上了农民的烙印,风霜雪雨都洗不掉,这也成为世世代代的悲剧根源。自古以来,经历了种种磨难的中国农民始终没有放弃的是对土地的眷恋,于是便有了"死守黄土"的誓言。对于农民来说,"背井离乡"意味着仅次于死亡的天大不幸。然而,自从改革开放以后,农民的观念也发生了变化,先是20世纪80年代初期出现了"打工妹",刺激了一代青年人,于是在中国大地上,从此流动了一支堪称世界上最大的"打工队伍"。"八仙过海,各显神通",老祖宗的这句话在青年农民中发挥着神奇的效应。"外面的世界很精彩",他们用自己的实际行动,做着多彩的青春梦!

　　13岁的毛泽东曾写了一首自比青蛙的诗,读起来令人胸臆快哉,豪气干云:

　　　　独坐池塘如虎踞,绿杨树下养精神。
　　　　春来我不先开口,哪个虫儿敢作声。

三年后,16岁的毛泽东在《改西乡隆盛诗赠父亲》中写到:

孩儿立志出乡关,学不成名誓不还。
埋骨何须桑梓地,人生处处不青山!

看来,农村娃的梦是走出农村,闯城市,闯天下!

陕西作家路遥年轻时不停地奔波在城市与乡村之间,他最熟悉的生活是"城市交叉带",充满生气和机遇的城市生活与像他那样的身处封闭而又贫困地区的农村青年从物质和精神上构成了双重的刺激。路遥思考并理解这一现象,在城市化的浪潮汹涌而来的种种冲击中,他提出了农村知识青年该如何选择这一沉重的话题。

路遥的《人生》发表于1982年,小说生动地刻画了当时农村生活的真实场景。当时农村子弟若要跳出农门,只能通过升学、招工、参军、招干等形式,除此之处,只能老老实实地在黄土地里刨食,做一辈子的农民。故事的主人公高加林高考落榜,回乡务农。他的叔父从部队上转业做了地方官,当时劳动局的干部为了巴结高家,走后门把高加林转成国家正式干部,他摇身一变成了城里人。正当他事业、爱情春风得意的时候,走后门一事东窗事发,他被取消了城市户口,最终逃不过命运给他的安排,他又回到自己的村庄。

如果说高加林那个时代只有少部分人通过农转非进入城市,那么现在更多的农民则是不改变社会身份,通过到城里打工自发实现了劳动力的转移。对于肇始于改革开放的民工潮,资深经济学家杜润生指出,以民工潮为表现形式的农民跨区域流动就业,是中国农民继家庭承包责任制和乡镇企业之后的又一伟大创造。它对中国的工业化和现代化进程起着举足轻重的作用,极大地推进了我国改革开放事业向前发展。不少学者热情地称颂这次民工潮为"自新中国成立以来的第三次解放"!

如果说20世纪80年代初期的进城农民传统木讷,那么,今天的青年农民就鲜活多了。由于改革开放带来的欧风美雨的冲击、新知识的培养以及电视、互联网的影响,他们失去80年代农民的木讷,一个个显得更加游刃有余。

(二) 执拗的城市寻梦者

郑州北站,是京广、陇海两大铁路干线交汇的一颗璀璨的明珠,是亚洲最大的编组站,连接着华北、华东、华南、西北和西南铁路。这是一片奔涌着钢铁洪流、极富活力和动感的土地,搏动着中国"路网心脏"。

这片土地也维系着一条通向港澳地区的"生命线"。1962年12月11日,第一列向港澳运送鲜活货物的755次列车从这里出发。从此,这趟车每天准时南行,风雨无阻。数十年如一日,向港澳地区运送了不计其数的鲜活物资,传递着祖国人民难以割舍的关爱之情。

来自豫南息县的小赖和他的伙伴们是新生代农民工。他们的父辈在这里一干就是十多年,现在干不动了,大多已回原籍务农。前几年,小赖和他的伙伴们来到这里,每天傍晚在这里往火车上装鸡、鸭。现在,大型集装箱派上了用场,他们只好转到陇海路的货站装卸水泥。"这个活比以往的活重多了,苦多了,钱也少,装卸一吨只有两块五毛钱。"小赖告诉笔者,"就这,也不好找活,去晚了,别人占着了,你想干也干不成。"

夜幕下,小赖他们这群24小时随时待命的水泥装卸工,拎着布包,望着过往的车辆。他的布包里装的是被人们称为"水泥衫"的"工作服",干活时穿上,等活时可以当板凳坐。等到盼望的火车一到,他们便像饿虎一样一拥而上,把货物从火车上卸下,再分装到汽车上。

在小赖休息的时候,笔者与他攀谈。小赖说:"俺28岁了,已经同父母分家了。家里五口人,大的是女儿,两个小的是儿子,双胞胎。只有三个人的地,人多地少,粮食仅够吃,俺现在小孩小,以后花钱的地方多得很。俺为了孩子上学,必须出来挣钱。"

说及孩子和小赖的家乡,小赖开始兴奋起来,他说:"俺家离淮河不远,周武王时封子爵于此,名为赖子国,后代以此为姓。俺祖上厉害着哪。俺要拼命挣钱,供孩子上学,将来光宗耀祖。"

听着小赖的话,笔者想:这光宗耀祖,是大多数中国人的信念。正因为有这个信念,小赖才辛苦着、执拗着、希望着,为美好的未来而含辛茹苦。

(三)超越自我,城市圆梦

每年春节一过,农民工们便携家带口,从千万个贫穷的村落出发,集结在京广、京九、陇海等铁路线上,再由此分赴中国东西南北的各大中城市。民工们三五成群或数十人一伙,自带被窝卷,在广场上、候车室里或卧或坐,忍受着劳累、饥寒,成为当代中国春节后一大景观。

每个新生代农民工,都有着一个奢侈的梦:剥离农民悲苦的身份,融入城市幸福生活之中。带着这个梦想,数以亿计的农民,背起简单的行李,闯进陌生的城市。陈俊(化名)是豫东淮阳人,他高中毕业后就来到北京,到现在已经六年了。他对笔者说,这六年中,他的工资由600元到800元,从800元到1000元,从1000元到1600元,后来又逐步升到现在的2000多元。

他在北京受的苦太多了,但他心中的梦一直在坚持。一个人追求的不是一时,而是一世,他将来要当企业家,当北京人。

陈俊在北京的六年中,做过厨师,做过推销员。在他眼里,他与城里人虽然有差别,但差别正在缩小。他觉得他的财富虽然不多,但正在积累。目前,他正在做安利产品,每个月能销2万多元,可以提成2000多元。他说,发展新伙伴加入直销队伍,可以挣更多的钱。他已经加入河南省驻京团工委的组织,并担任基层团支部副书记。虽然官小,但可以结交更多的朋友,可以做更多、更大的事。

那天在北京见陈俊,是在亚运村旁卖奔驰的一个专业店,他正在那里跑业务。他告诉笔者,他已经告诉卖奔驰的小姑娘,五年后他将在这里买一辆奔驰车。对此,笔者有些困惑,便问:"你知道奔驰的价格吗?次一些的也得一百多万。"他狡黠地笑了笑,最后告诉我:"俺老家淮阳,今年要举办中国淮阳荷花节,我联系一个投资集团,他们正在对接,如果项目谈成功,投资集团的老总准备奖励我一辆奔驰呢。"

笔者同他一样高兴,但愿其心想事成。

新生代农民工先前的梦是最简洁、最实际的,就是吃饱饭、穿暖衣,然后回老家盖几间像样的房子。如今,经过城市的熏陶,新生代农民工已经开始反思、提升自己,开始了自己的新追求。而这种新追求是积极的、向上的、高质量的。笔者完全相信,漂泊寻梦的他们,希望一定不会落空。

三、农民工的代际比较

(一) 老一代农民工的希冀

本来,如果没有外面世界的呼唤,生于斯、长于斯的农民们在他们的家乡便可安安稳稳地过他们的日子。富点也罢,穷点也罢,至少他们的心里是踏实的。然而时代总是要向前发展的,当市场的大潮已席卷了全国几乎每一个角落的时候,占全国总人口80%的农民再也不能做岸上观景之人,他们都想在商海里跃跃欲试。中国农民自古以来就有吃苦耐劳的传统和倔强能干的精神,当一种思想被憋得太久后,一旦挣脱出来所爆发的能量是不可低估的。走在这虎虎生气的打工潮最前列的可能就是当初的"打工妹"了。早在改革开放初期,这群扎着小辫的年轻人最先走出黄土地,怯生生地当保姆或摆摊设点沿街叫卖,开始了她们艰难的城市之旅。

从20世纪80年代起,大量的农民开始走出农村,去城市寻梦。几多辛酸,几多欢笑,酸甜苦辣都尝尽了,时代给每一个农民工留下了属于他们的

特征。从 2010 年 4 月开始,笔者采访了 60 后、70 后、80 后、90 后四个不同年代的农民工,为了便于比较,笔者将前两者归为老一代农民工,后两者归为新生代农民工。

相形之下,老一代农民工,因为缺技术少文化,求职路上很辛酸。2009 年"五一"期间,笔者来到豫南正阳县。正阳县是江姓的发源地,唐代林宝《元和姓纂》记载:"嬴姓,颛顼元孙伯益之后,爵封于江,后为楚所灭,以国为氏。"江国在古代兖州与豫州之间,西临道国(今河南确山),东与息国(今河南息县),北接蔡国(今河南上蔡),南濒淮水。江春天(化名)是 20 世纪 60 年代出生在正阳县的人,他对笔者说:"老兄,你帮我在郑州找份工作吧,干啥都行。"他说,他刚从郑州回来,在郑州的招聘会上,没有一个人愿意聘他。江春天只有小学文化程度,没有什么技术,虽然也常常外出打工,但干的工作大多是建筑之类。他说:"没想到今年的工作恁难找,企业一问我的年龄就立马回绝,他们不要俺这个年龄的。"

和江春天一样显得无奈的,同样是一群 20 世纪 60 年代出生的农民工。他们曾经是最早一批从农村进入城市打工的农民,在改革开放初期,他们风华正茂,意气风发,是城市建设中不可或缺的力量。而现在,在就业市场,他们面对的是一次又一次的碰壁,一次又一次地被拒绝在企业的大门之外。"我们没有技术,没有文化,什么都不懂,只能干笨活",一位来自河南潢川县的 60 后农民工坦诚地说,"搬运工、环卫工,啥脏活、累活都是值的。"

与 60 后不同,70 后则显得既传统又变革,在务实中求发展。在豫南潢川县,黄卫平(化名)告诉笔者:"村子里和我年龄差不多的人都出去了,他们有一技之长,不少人都当上了老板。俺没手艺就留在家里种植、养殖,在一亩三分地上奔小康。"

黄卫平告诉笔者,他在 20 世纪 90 年代初期就在广东打工了,月薪最后到了 3000 元,但除了吃、住、用和路费,一年也就落个万把块。他这个年龄的人是家里的顶梁柱,肩扛着养父母、育子女的重担,不能再出去了。不过不出去也不错,种地一年能收个万把块,搞养殖也能收个万把块,家也顾了,钱也挣了,很不错。

70 后一代人出生在继往开来的时代,他们承上启下,见证着历史的进程。他们也曾有开拓创新的激情,也有裹足不前的保守。传统与变革,保守与激情,这些时代的烙印深深地刻在这些人身上。笔者见到黄卫平时,他正赶着一群牛在黄国故城上放牧。他告诉笔者,黄国立国很早,几千年前被夏启所封,历经夏、商、周朝,长达 1000 年。他们姓黄的都出生在这里,这里是他们的根,不离开也好。

望着黄国故城里的陶土瓦砾,望着黄卫平和他那悠然吃草的黄牛,笔者眼前映现出一副典雅的牧牛图,脑海里也蓦地出现了一首诗:绿杨荫下古溪边,放去收来得自然。日暮碧云芳草地,牧童归去不须牵。只是眼前的非"牧童",而是牧童之父黄卫平。

(二) 走近新生代农民工

老一代农民工走的打工路与新生代农民工不同,他们有的干建筑,有的出苦力,有的凭借自身的小本领给人家打家具、刷涂料、做衣服、做豆腐,也有的沿街收购废品倒手卖钱……他们以农民特有的勤劳加上"夹缝中求生存"的竞争意识,顽强地生活在充斥着城市人的街头巷尾。他们干着别人不屑或不愿干的工作,还要常常忍受城里人的白眼。

相对于他们的父辈,出生于20世纪80年代的新生代农民工则有一定的文化水平,掌握了一定的技能,并且善于在网上搜寻就业信息。他们渴望精彩的人生,渴望城市的生活。

来自河南省台前县的小陈告诉笔者,他们台前县是个小县,30多万人,只有20多万亩耕地,人多地少,他们只有出去打工。因为出来前在县里的职业学校培训过,所以工作好找,只要不很累的活,钱少一些没关系。能在工作的同时学到技术,那更好。他说他现在找的工作就是在网上找的,企业的福利也不错。只是这个公司的前途不怎么样。

笔者问他:"如果失业了你怎么办?"他说:"再找工作呗,反正回农村没啥意思。"80后的农民工虽然保持了农民的身份,但往往没有务农经验,人们的土地比较少,有的甚至无地可种。他们乡土观念淡薄,更加憧憬的是城市生活,希望融入城市。即使在城市丢失了工作,他们会想办法寻找,他们不想再回到农村。

新生代农民工的进城,有来自土地的推力,即土地有限,农村劳动力过剩,更有来自城市的拉力。五光十色的城市生活强烈地吸引着他们。在现实中,一批批、一群群打工队伍,从遥远的乡村走来,带着希望,带着梦想,带着对全新生活的向往,义无反顾地来到城市。他们抛弃了传统的价值观念、人生信条,毅然地投身到环境险恶、瞬息万变的经济大潮中闯世界了。成功也好,失败也好,在经过一番摔打之后,这些新生代农民工所学到的东西不是用金钱能够衡量的。先练就一副结实的筋骨,再练就一双火眼金睛,这不啻是一笔巨大的财富。

最近,共青团河南省委对新生代农民工进城目的做了项问卷调查,调查显示:"出来挣钱"的占21%,"刚毕业,出来锻炼"的占32%,"到外边玩玩"的占17%,"学一门技术"的占11%,"在家没意思"的占18%。这说明:锻炼、学技术、挣钱是新生代农民工进城的主流想法。

而我们不少媒体则在对新生代农民工的报道中存在着片面的认识。例如,他们对新生代农民工作这样的白描和列举:新生代青年农民不再东张西望、土里土气;他们注重个人物质和精神生活享受,追求时髦的服装、轻松体面的工作以及时尚的休闲方式,衣着入时;他们从外表看像是游客和返校的大学生,拉着时髦的拉杆箱,佩戴着 MP3 逛商场……

媒体可能是出于无心,但以上的白描和列举足以造成不好的舆论导向,即认为他们失去了农民的纯真,农民的本性,成为农民工中"垮掉的一代",这非常不利于农民工权益的正当维护,他们依然是城市劳动者中的弱势群体。城市青年的行为,他们有权拥有!

(三)农民工的代际比较

与老一代农民工不同,新生代农民工有其区别于其他社会群体的本质特征,其表现为:新生性与时代性。

新生代农民工朝气蓬勃,年富力强,接受新事物能力强,具有青春期的典型特征。因为他们年轻,有文化,思想比较新颖、活跃,更容易融入城市。他们志向远大,对未来的憧憬偏于美好,同时,他们敢于表达自己的真实感受和想法,具有叛逆精神,极具青年人特有的挑战与冒险特质。

新生代农民工处在改革开放、社会转型的新阶段,再无物质匮乏、精神贫瘠的感觉,需求层次也水涨船高,由生存型转向发展型。进入城市后,他们的眼界打开,并时刻受到现代文明和信息时代的熏陶,这使他们有幸成为城市各种新思维、新事物和新生活方式的接受者与传播者。理想主义常使他们壮怀激烈,他们时时怀揣着颇为宏大、美好的梦想。他们相信经过自己的努力,一定能够完成从"乡下人"到"城里人"的转变。

两代农民工在收入上存在着差异。新生代农民工的收入水平明显低于老一代农民工。调查显示:25岁以下的新生代农民工月收入超过1200元的仅占该年龄段的37%,而超过25岁的农民工月收入超过1200元的占62%。其主要原因是新生代务工时间短,工作熟练程度低,工作技能差。当然,相对于初进城时的工资,新生代农民工的收入远高于老一代农民工。

两代农民工在文化娱乐方面存在着明显的差异。老一代农民工的文娱活动方式非常传统,多为看电视、读报纸、打牌、下棋、打麻将、与老乡聊天等;而新生代农民工更多地倾向于学习技术、上网、听音乐等新潮方式,正逐步向城里人看齐。以上网为例:16~18岁年龄段的选择上网的农民工占总数的28%,21~25岁年龄段的为19%,而25岁以上年龄段的仅为11%。新生代农民工自我提升意识也明显高于老一代农民工,调查显示:25岁以上的选择"培训、学技术"的占22%,而25岁以下的则占36%。由此可见,新生代农民工可持续发展的愿望非常强烈。

新生代农民工较老一代农民工更具备融入城市的条件。新生代农民工处于社会化的"黄金时期",他们更容易理解和接受城市社区和城市群体的行为规范、文明以及价值观,他们社会化的愿望与城市成员的社会化期望几乎没有差异,他们中间的大多数想融入城市。(见下表1)

表1　不同年龄、不同打工时间的新生代农民工的定居愿望(%)

选项	16~20岁	21~25岁	26岁以上	1年	2年	3年以上
在打工城市定居	62.0	70.0	56.0	61.0	68.0	73.0
挣钱回家定居	25.6	24.0	33.5	33.0	27.6	21.5
两头跑	12.4	6.0	10.5	6.0	4.4	5.5

新生代农民工对于市民身份的认同远远大于对农民角色的认同,他们把自己定位为城市工人之列。对于"农民工"的称呼他们并不十分认可,他们觉得这是城市人给他们强加的,他们常常称自己为"城市做工的"。这反映了新生代农民工对于城市心理已经从老生代农民工的"城市过客"心态渐变为"城市主体"心态。

两代农民工生活态度、生活感受、生活状况满意度及生活预期都存在差异。老生代农民工的生活理念是平平淡淡、稳中求改善,而新生代农民工则希望"换一种活法",这是由新生代农民工的新生性和时代性决定的。他们采取的是"重过程轻结果"的生活方式,追求现时消费与即期效应的最大化,注重工作和生活愉快,重视生活的过程和追求体验。新生代农民工是怀着远大的理想或美好的梦想来到所在城市打工的。他们试图通过进城务工来实现自己的理想,对未来生活的预期普遍高于老一代农民工。他们富有朝气,满怀理想,他们中的大多数人相信通过他们的努力,一切理想都可以实现。

调查数据表明:两代农民工用于消费的工资差别较大。新生代农民工用于学习培训、人际交往和其他发展需要方面的钱要远远高于老一代农民工,尤其是用在学习培训方面的消费最大,大约占工资的10%,这是他们的新生性和时代性的体现。时代在进步,各种新思想、新技术不断涌现,而他

们从事的工作也需要高知识密度、高技术含量和高专业技能,这在客观上要求新生代农民工必须进行再学习。新生代农民工强烈要求改变命运的需要也刺激着他们的学习欲,他们觉得只有学习、学习、再学习,提高、提高、再提高,才能使他们在日益残酷的竞争中获胜。同时,为了提高收入,为了获得晋升岗位,为了更多地获得老板的器重,他们必须提高可持续发展的能力。

从信息化消费状况方面看,他们中超过半数的人都常去网吧,比例为69%,上网活动多为听歌、看电影、聊天、打游戏和谈恋爱等。他们基本上每人都有手机,通讯方式也相当现代化。

比较而言,新生代农民工追求时髦,追求外在的"酷"与"炫"。在调查中,笔者发现,有不少新生代农民工往往会花上几百元甚至上千元购买手机、名牌首饰和MP3等,在这个方面,他们丝毫不亚于城里人的同龄人。然而,在他们平时的生活中,他们往往会采取近似残酷的生活方式,吃简单的快餐,尽量压缩开支,不像城里的同龄人那样讲究吃。他们把有限的钱用在显示他们身份的地方。

对于他们的这一现象,媒体往往将此夸大,似乎他们的家庭责任感丧失,艰苦朴素的农民本色在消退。而事实上,这是一种不负责任的说法。不少新生代农民工的责任感、创业精神比他们同龄的城市青年强得多,他们憋足一股劲,要超过他们同龄的城市人。他们相信农民起义领袖陈胜的一句话:"王侯将相,宁有种乎?"

新生代农民工对传统农民工的特质有很好地保留和继承,这一点是不容抹杀和忽视的。可以负责任地说,其本质并没有变,并非"垮掉的一代",他们的家庭责任感极强,能够吃苦耐劳,相信通过自己的打拼可以获得成功。他们的进取精神有增无减,家庭责任感也比较重,所挣的钱也多半寄回家中,为此不惜压缩自己的基本生活费用。他们仍是堪称为世界上最"质优价廉"的劳动力,对城市的经济增长贡献很大。他们最大的愿望是融入城市,希望城市不再低估和忽视他们。

第二章
撑起共和国的大厦

一、新生代农民工已成为产业工人的主体

（一）新生代农民工是产业工人

改革开放后,随着农业劳动生产率的提高,农村剩余劳动力一直以"显性"的方式存在。一方面,本土乡镇企业吸纳农村劳动力的能力越来越弱。另一方面,城市对农村、对农民的吸引力极大增强,而农业利益低下的矛盾凸显出来,这就构成了农民涌向城市的强大动力。

于是,中国便出现了"百万豫军下广州"、"十万豫军东进沪杭"……的景象。一时间,京广线吃紧,陇海线告急,形成了蔚为壮观的"民工潮"。他们在城市里做着最重、最苦、最脏、最累的工作。没有他们,送煤的没有了,送奶的没有了,小店铺没有了,老头、老太太没人管了,垃圾没人倒了,大路没人扫了……可以说,没有他们,就没有我国的工业化、城市化,就没有30多年中国经济的发展。然而,不幸的是,城市并没有真正吸纳他们,并没有把他们当做真正的产业工人。

新中国六十多年的历史,也是中国产业工人阶级不断外延的历史。工人阶级最大的特征是"无产",准确来说,这个"产"不是财产,而是生产资料。在当代中国,工人阶级在不断泛化的同时,也产生了深刻的内部分化。新中国成立初始,工人阶级主要指产业工人。当时,中国共产党按照政治和经济的双重标准,对中国各阶级进行了划分,在新的经济结构的基础上构建出四个阶级,即工人阶级、农民阶级、小资产阶级、民族资产阶级。这时的工人阶级主要指产业工人,如制造、建筑、运输等行业的劳动者。

在对私有制的社会主义改造完成后,中国进入社会主义社会。社会结构趋向单一,小资产阶级、民族资产阶级逐渐消失,中国只剩下工人阶级和农民阶级两大阶级以及知识分子阶层,形成了"二阶级一阶层"。1978年,

邓小平在全国科学大会开幕式上的讲话中强调,我国知识分子"已是工人阶级的一部分",进一步扩大了工人阶级的内涵。

改革开放以后,随着我国工业化和城市化进程的加速,大量农民工开始涌现。2003年中国工会第十四次代表大会上首次提出"一大批进城务工人员成为工人阶级的新成员",进城农民工在理论上归属了工人阶级。农民工大体上分为两大部分:一是离土离乡的农民工,他们在城市的厂矿、机关、商业、服务行业劳动;二是离土不离乡的农民工,在本乡本村的乡镇企业或附近的工厂、商店、机关劳动。从这两种劳动关系上讲,这两种农民工都该属于工人阶级。

可以说,当前农民工已经成为我国产业工人的"主力军"。近期正式公布的数据显示:我国农民工总数约为2.3亿人,其中外出进城务工人员总数在1.2亿以上。这些务工人员在加工制造业占68%,在建筑业中接近80%,在第三产业中的批发、零售、餐饮业中占52%。而在所有的农民工中间,16~35岁的青年农民工约占80%,应该说,新生代农民工是农民工的主力军。

(二)"新生代农民工"现象的现实分析

大批新生代农民工不断地涌向城市,形成了"新生代农民工"现象。随着社会主义市场经济的不断发展,这一现象越来越成为我国的一大热点问题。"新生代农民工"现象关系到"三农"问题的解决,关系到中国经济的发展,更关系到社会主义现代化建设的成败。探讨"新生代农民工"现象的成因及其特点,无疑具有重要的现实意义。

目前,我国新生代农民工群体正在以不可逆转的趋势在迅速扩大,这是中国城市化、工业化发展的需要。从西方资本主义早期的发展史上,我们同样可以看到,由农民而转变为工人的劳动者一直占据着较大的比重,英国历史上的"圈地运动"就是农民非农化的典型例子。中国现代无产阶级最初也是由农民产生的。可以说,无产阶级的壮大过程,也就是越来越多的农民加入无产阶级的过程。当前中国的"新生代农民工"现象,是中国走向工业化过程中的自发产生的新气象。这种自发性原动力也是最有生命力的历史性动力,它所产生的积极作用是难以估量的。

从现实角度看,新生代农民工是当代中国由农业型社会走向工业型社会的过渡性群体,是我国当前工人阶级中的新的有机组成部分。这种新鲜血液的输入,壮大了工人阶级队伍,扩大了工人阶级的群众基础,更新了传统意义上的工人阶级的内涵,主要体现以下三个方面:

——马克思主义认为,工人是指不占有生产资料,以工资收入为主,从事生产的劳动者;工人阶级是指不占有生产资料,靠工资收入为主,从事生产的劳动者所形成的阶级。我国目前的新生代农民工外出到工厂工作,既没有生产资料,也没有生产工具,主要靠工资收入养家糊口。从这一点来说,新生代农民工和农民没有相同点,而与工人相同。

——从职业来看,新生代农民工从事的工作与工人一样。长期以来,我国划分农民的标准和依据是户籍和职业,其中户籍因素起决定性作用。随着户籍制度松动,青年农民到城市做工的数量激增,形成了中国特有的"民工潮"。从职业看,他们所从事的无论是建筑业、家政业、商业贸易、运输业等,还是自己开公司当老板,他们都属于产业工人的性质,而与农民从事劳动没有任何相似之处。他们与农村的"天然脐带"只不过是他们在农村老家拥有责任田而已。

——从生活方式和价值观念方面看,新生代农民工已远离农民而逐渐向工人靠拢。城市作为经济、文化、商业和交通中心,也是工人集中的地方。城市文明在科学技术、文化素质、道德修养、婚姻观念和法律意识等方面整体上比农村高得多。新生代农民工长期在城市居住,他们在工作、生活、娱乐和学习中受到城市文明的熏陶,农村中的许多陋习受到巨大的冲击和消解。新生代农民工的文化程度较高,接受新生事物的能力强,因而,城市的民主观念、法律意识、平等观念逐步融入他们的生活中,对他们产生了积极的影响。新生代农民工从注重养家糊口、打工挣钱转向学习技术,从追求物质生活向追求物质生活和精神生活方面转变。新生代农民工经过在城市"洗脑",摒弃了农村的传统观念,接受了城市的文明和时尚。因此,新生代农民工的生活方式和价值观念已经超越了农民的境界,逐步向都市人的生活方式和价值观念转化。

因此,无论是从历史、现实,还是从理论上分析,新生代农民工都应该是产业工人阶级的重要组成部分,不应该用传统落后的思想和僵化的观念来评价、对待新生代农民工。

我国著名的国情专家胡鞍钢曾说过,眼下我国数以亿计的青年农民外出务工,这是人类有史以来规模最大的人口迁移活动,但相对于中国8亿农村人口、5亿农村劳动力来说,这一迁移仅仅是开始,还将延续到2030年甚至更长时间。他指出,20世纪50年代建立的城乡两种居民身份的制度安排,让新生代农民工处于"既不着农,也不着城"的环境里,是不合理的,应该改变。

（三）中国现代化建设的推动者

新生代农民工是一个对中国社会转型有着巨大冲击力和推动力的群体。他们从相对落后的农村走到繁华的城市，面临着由传统人格向现代人格转型的巨大困境，克服了难以想象的痛苦和困难，在城市尽力劳作，为城市现代化建设作出了特殊的贡献。

在农村，逢年过节，家乡的亲人总会收到他们寄来的一张张汇款单。据不完全统计，河南省光 2009 年就有 2230 万人在外打工，实现劳务收入在千亿元以上，通过银行和邮局汇入河南的劳动收入与全省地方预算财政收入基本持平。打工已经成为农民增收的主要途径。回乡的创业者带回了进城务工中学到的技术和管理经验，也带回了先进的观念和风气，为家乡的脱贫致富立下了汗马功劳。经济学家厉以宁曾说过，民工自己在培养自己，这是巨大的人力资源投资。他们只要回去 1/3 或 1/4，家乡就要起变化。随着农业机械化水平的提高，农村隐蔽性失业将加剧。据测算，今后 30 年，将有 3 亿农村剩余劳动力走向城市。他们在城市里获得的财富，将有很大一部分反哺农业。

新生代农民工的出现，也促进了农村结构的调整，加速了我国的现代化进程。只有减少农民，才能富裕农民，这是世界各国促进农业、发展农村的基本经验。农民增收困难与城镇化进程的缓慢有着直接的关系。相关统计表明，城市化水平每提高 1%，就有 45 万农民成为城镇人口。根据全面建设小康社会的指标，到 2020 年，我国的城镇化率要达到 56%，这就意味着今后每年都要有 1300 万农民进入城镇。如果按照每个农民工向城镇转移时可带 2～3 名家属，那么，今后每年将有 2600 万至 4000 万的农民转移到城市。届时，城乡关系将发生较大的变化，整个社会关系也会随之改变。

承认新生代农民工的产业工人身份，理所当然地应该允许其在城镇落户，这必将推动我国的城镇化发展。一方面，大批农村人员转移到城镇，必将加快农村土地的合理流转，有利于发展第二、第三产业。另一方面，拥有大量流转土地的农村，会吸引农村的"能人"整合和盘活土地、人力资源，发展集约化、专业化、效益化种养业，做强第一产业，使农村形成一种新的业主与用工的生产关系，造就一批新型的农村业主，带出一批产业工人。

胡鞍钢指出，现代化的本质是人的现代化。在中国，现代化就是让成千上万的农民在城市完成自身的现代化过程。他们在被城市现代化的同时，也在推动着城市的现代化进程。新生代农民工是工人阶级的主要组成部分，善待新生代农民工就是善待我们自己。

二、城市的发展已离不开新生代农民工

(一) 城市化与新生代农民工

早在20世纪,诺贝尔经济奖获得者斯蒂格利茨就指出:21世纪对于中国有三大挑战,而居于首位的就是中国的城市化。他提出,中国城市化将是区域经济增长的火车头,并产生最重要的经济利益。据1995年世界银行统计,世界高收入国家城市化率为75%以上,中等收入国家为28%,而当时中国的城市化率不到30%。城市化滞后已经严重制约了我国的经济发展,成为我国提高国力的"巨大瓶颈"。

城,所以盛民;市,买卖之所。城市集中了现代经济的大多数生产和创新的要素。中国城市的发展是当今世界最快的。改革开放三十多年来,中国进行着世界上规模最大、背景最为复杂、受益人口最多、成就最为辉煌、显而易见的、也最突出的城市化进程,城市化水平从1978年的不到18%发展到现在的40%以上。中国的城市化进程为中国、为世界创造了巨大的财富。而在中国城市化建设中,新生代农民工成为创造中的动力,发挥了重要作用。

国家的工业化必将带动城市化。城市体现了现代经济的聚集效应,第二、第三产业的依存发展,节约了社会成本。现代服务的发展,又大大地降低了交易费用,促进了社会分工和专业化大生产。我国在20世纪50年代进行的社会主义改造,过早地消灭了私有制,废止了市场经济,从而引起了食品的短缺,不得不实行凭票供应,也不得不冻结农民的户籍,封闭城市,致使广大农村劳动力闲置,劳动率下降,并使二元结构延续到现在。

20世纪80年代以来,"农民工"这个新的名词逐渐占据了学界及舆论界的学术平台。它的出现不仅在理论上重塑了中国传统的"二元阶层"论,而且在现实中塑造了中国特色的城市化特征。庞大的新生代农民工群体成为我国城市化的一大动力。

新生代农民工的进城不是一种偶发现象,它有其内在的动力驱使,有着城乡的推力和拉力。首先,城乡利益及生存优势的差别是最基本的动因。新中国成立以来,城市居民在就业、住房、医疗、交通、食品供给等方面享有特权,而农民则没有这些由政府补贴形成的服务。近年来,城乡之间的收入差距还在拉大。这种利益分配的不均衡性使许多的青年农民渴望向城市流动。同时,由于城市具有聚合经济利益和辐射功能,在工业化进程中,工业和第三产业不断向城市集中,从而促进了城市扩张和城市化水

平的提高,这必然会引起城市对外来劳动力需求的增加。新生代农民工的城市流动适应了这一需求。

其次是农村的推力。随着农业机械化的普及,农业生产率得到了极大的提高,大批长期潜伏的农村剩余劳动力显现出来,亟待需要转移。同时,人多地少的矛盾长期困扰着我国农村经济的发展。在这些剩余劳动力中,多数是并不熟悉农业生产的青年农民。如果这些青年劳动力得不到利用,他们就会变得一文不值,他们的机会成本是零。

在任何年代、任何国家,青年都不是安分守己的,他们具有创造性。他们时时在躁动,时时在寻找机遇,身处社会底层的农村青年更是如此。他们步入城市,含辛茹苦,紧衣缩食,盖起城市的一个个小区,建起一座座高楼大厦,加快了城市化发展的步伐。新生代农民工通过多年的劳动和积累,增加了收入,提高了生活水平,有不少人在城市的房地产事业有所发展,形成了独特的"购房一族"。从某种意义上说,没有新生代农民工的辛苦劳作,就没有改革开放后我国城市化建设的高速发展。有资料显示,三十几年来我国城市化率提高了21%,城乡居民的结构达到4:6,这就是新生代农民工为中国的进步与发展作出的又一突出贡献。

(二)城市和谐与新生代农民工

"和谐社会"是相对于"斗争哲学"而言的。长期以来,特别是在战争年代和改革开放以前,我们更强调的是斗争的重要性,以矛盾的一方消灭另一方为目的。改革开放以来,党中央采取"以经济建设为中心"的战略目标转移,才把和谐社会提到议事日程。近段时期以来,党中央提出"以人为本"的科学发展观,为和谐社会的发展奠定了基础。

社会主义和谐社会具有深厚的中国传统文化底蕴。追求崇高、和谐是中国文化的基本精神之一,也是中国古代重要的社会、政治观念在儒家、道家思想中的重要体现。孔子的不少言论说明了遵守道德秩序、追求平衡和谐的珍贵之处。在人与自然方面,儒家的"天人合一"思想代表了人与自然的和谐一致。特别是儒家描述的公平正义的理想社会——"大道之行也,天下为公,选贤与能,讲信修睦。故人不独亲其亲,不独子其子,使老有所终,壮有所用,幼有所长,矜、寡、孤、独、废疾者,皆有所养"为我们今天构建社会主义和谐社会调好了原始色调。道家的"无为而治"、"天道自然"都有安定、和谐的思想。

改革开放以来,大批新生代农民工来到城市,构建了当代城市社会"二元结构"中的一元,从某种意义上说,观察和理解中国城市社会,不能不重视"农民工"这一重要的特殊群体。新生代农民工与现代化城市关系密切，其表现有三点：

其一，城市化的发展离不开新生代农民工。长期以来，由于产业结构不合理导致的城市化滞后、城市结构不合理，已是当今中国诸多矛盾中的主要矛盾，很多的经济问题和社会问题都是由此而来。现代化的必然结果，是经济发展和现代化建设的必由之路。随着农村劳动生产率的提高，农业劳动力越来越多，大批新生代农民工转移到城市，参加第二、第三产业工作，这不仅有利于农业现代化，而且有利于城市的经济繁荣。占城市职工半数以上的新生代农民工，为城市建设交上了一份美好的答卷。

其二，新生代农民工是实现城市繁荣的有力支撑。农村富余劳动力向非农产业和城镇转移，是工业化和现代化进程的必然趋势。青年农民进城务工就业，促进了城镇人口的发展，促进了城市经济和社会的繁荣。目前，在我国的各个城市，到处都可以见到新生代农民工的身影。新生代农民工已经融入了城市的方方面面，成为各个行业不可缺少的重要力量，许多城市的发展已经离不开新生代农民工。

其三，新生代农民工与城市融合是城市可持续发展的必由之路。城市的发展离不开新生代农民工，新生代农民工也要依赖于城市实现他们的身份转移。而在这一过程中，只有走和谐之路，才能最终实现二者各取所归。城市是现代社会的载体，它的繁荣表现在经济、文化等各个方面都要有持续前进的动力和基础。新生代农民工在城市的工作与生活，对城市不可避免地要产生很大的影响，只有将新生代农民工从整体上纳入城市中去，新生代农民工才能稳定地融入城市，进而参与城市的建设与管理，城市才能获得比较稳定的产业大军。

（三）城市精神与民工精神

一个国家需要拥有伟大的民族精神，一个城市同样需要拥有自己的城市精神。城市精神对城市的生存与发展具有巨大的灵魂支柱作用、鲜明的旗帜导向作用与不竭的动力源泉作用。只有打造出自己的城市精神，才能对外树立形象，对内凝聚人心，使全市上下团结一致，共谋发展。

新生代农民工是城市精神的塑造者。李学生是河南省商丘市人，2005年2月20日下午5时左右，8岁左右的男孩小瞿和4岁左右的女孩媛媛在金温铁路温州市黄龙段马坑隧道口铁轨上玩耍。这时，随着一声刺耳的汽笛尖叫，一辆火车从杭州方向往温州方向呼啸而来。铁轨上的小孩可能被吓坏了，不知朝哪个方向跑。危急时刻，年纪稍大的男孩往对面跑去，而小媛媛往前跨了几步又缩了回来,最后跟着男孩往后面跑。而这时火车已越来越近,就在这危急时刻,正在不远处的打工青年李学生飞身跑来,右手抓着男孩就往铁轨外面甩,同时用左手去抓较远的小媛媛。但就在李学生的手刚刚抓到小媛媛时,两个人被火车撞得飞了出去。男孩得救了,而李学生和小媛媛同时遇难。李学生舍己救人的事迹感动了温州,感动了河南,感动了中国。共青团温州市委授予李学生"见义勇为的好青年"光荣称号,共青团河南省委、河南省青年联合会追授李学生"河南青年五四奖章",河南省人民政府批准李学生为革命烈士,共青团中央追授李学生为"全国杰出进城务工青年"。

在父亲眼里,他是个温顺的孝子;在工友、邻居眼里,他是一个友善、仁爱的大哥……而在紧急时刻,他又是一名勇士,他为了救两个孩子献出了自己年轻的生命。

新生代农民工的壮举、义举实在举不胜举。无数事实证明,他们不贪婪、不懦弱、不怕流血牺牲,危机关头敢冲上去,是优秀华夏子孙,不仅是亿万农民的楷模,也是亿万城市人的楷模,他们为城市精神写下光辉的一笔。打造城市精神,需要城市形象。新生代农民工们,用他们的生命、热血和汗水,塑造着新生代农民工的形象,升华出新生代农民工精神:勤劳、勇敢、真诚和奉献。有一个叫"枫林晚唱"的网友,曾为李学生写了一首诗:

从瓯越大地/到中原古城/有一个响彻天穹的名字/到处传诵/从豫东的一户农家走出/一个打工的英雄/他的名字就是/李学生!

三、打工改变了新生代农民工的命运

(一) 民工挣钱逾万亿

新生代农民工是一个特定的时代符号,民工潮是新生代农民工改变他们命运的一次次集体冲动。新生代农民工这个庞大的群体,在城市和乡村之间如候鸟般地迁徙,他们获得的最现实的利益是:2008年他们的打工收入逾万亿人民币。这个天文数字对千万新生代农民工和他们的家庭来说,他们手头变得宽裕;对于河南广大农村来说,又是件很了不起的事情。

固始县位于河南省南部,是河南省第一人口大县,人口多达165万。固始县在历史上曾发生过四次大的移民活动,是中原向闽台移民的肇始地和集散地,尤其以唐初"开漳圣王"陈元光父子与唐末"闽王王审知"兄弟组织的两次大移民对闽台的影响最为深远。无数闽台同胞、海外侨胞、世界客属,由古到今谱载口授,代不失传,勿忘"光州固始"。固始县也因此成为"中原侨乡,唐人故里"。固始县由于人多地少,有外出务工的传统,常年外出务工的农民有50多万,占全县总人口的1/3,年劳务收入66亿元,占全县GDP近1/2。由于固始县的政策好,早几年就开展了"回归经济",变民工潮为回乡创业潮。县委书记方波说:"返乡农民工中有不少是有一定资金、技术、管理经验的,如果能创造宽松的创业环境,这些新型农民能为新农村建设、县城经济发展闯出一片新天地。"为此,固始县对回乡投资创业的农民工在工商、税务、用电和用水等方面给予优惠和方便,清理不合理收费,对开发性农业、种粮大户和规模经营大户实行以奖代扶,鼓励和支持返乡农民工搞种植、畜禽、水产养殖以及农产品加工业。

小袁是豫东南项城人,住在项城的王明口乡。1998年9月的金秋时节,正是小袁人生最困顿之时。这年,他连续三年高考落榜。为了供他上高中考大学,家里连耕牛都卖了。"穷得叮当响,常常揭不开锅。"小袁说,"俺不敢再复习了,只好带着未婚妻一起到新疆打工。"

靠着未婚妻借来的钱,他们坐火车一路摇晃来到乌鲁木齐,这时兜里剩下不到100元钱,可距离目的地阿克苏还很远。那天,为了逗未婚妻高兴,小袁为她唱了半天的歌,"在那遥远的地方,有一个大钱庄;等着项城人,吃肉又喝汤……"小袁编着歌词唱,唱着唱着,两个年轻人泪流满面。

幸好,小袁第二天就找到了工作,他到了一个建筑工地,遇到的老板也是河南人。老乡帮老乡,建筑老板收留了他们,给小袁的工资是每月300元,未婚妻是200元,负责在工地上择菜、做饭。在天寒地冻的大西北,建筑业到11月份就要停工。小袁他俩在停工前只干了两个月,只得了1000元的工资,而离第二年的开工尚有5个月。他们不敢回家过年,路费对于他们来说不是个小数。他们来时未婚妻借的钱还要还,而且,第一次离家过年,总要给老父亲一点钱。没办法,他们只好把豆腐干切成细丝,用辣椒面和盐一拌,作为一个严冬的菜。但钱还是不够用,小袁又找了一个包月清理垃圾的活,尽管一个月只有100元,但对他们当时的生活是个大补充。这一年,他们在零下30多度的工棚里过了一个春节。

不屈的性格迎来了命运的转折。建筑老板见小袁忠诚可靠,做事又快又好,到第二年底就让他当了个工头,后来又交给了他一栋楼。他出色地完成了老板交给的任务,老板奖励了他10万元。

后来小袁成了包工头,他从老家挑选了一些能工巧匠来到了新疆,从2004年起,他每年收入都在50万元以上。2008年,他一年的收入就高达200万元。小袁如今已经有了两个孩子,他说:"再干几年,多挣些钱在郑州买房子,把儿子送到河南上大学。因为,河南是俺们的根。"

(二)辍学打工上大学

岳云(化名)是河南安阳人。古代安阳出了个抗金名将岳飞,现代安阳有个"红旗渠精神"。岳云用他的不屈不挠演绎着一个"打工还债,改变命运"的动人故事。

1998年6月,正读高二的岳云参加了全国奥林匹克物理竞赛,还得了奖。不久,他就被天津某重点大学录取,多年苦学的梦想即成现实。然而,住在太行山区的岳云家庭非常困难,他的父亲患有严重的肺病,母亲患有严重的糖尿病。因为治病,家里已经是债台高筑,哪还有近万元给他交高昂的学费啊!他对父亲说要辍学,没有想到却遭到了父亲的一顿臭骂。

他对小妹说:"不管怎样,你要好好读书,有哥哥在,再大的困难也要克服。"他又对父母说:"我去大学读书了。"然而,岳云并没有到大学读书,而是到郑州的一个家具厂打工。每天,电锯的声响猛烈地刺激着他的耳膜,飞扬的木屑和尘土扑面而来,让他睁不开眼睛。每天十几个小时的工作量,把他累得全身像散了架。而这样,他每月可以得到600元的工资。他省吃俭用,把工资省下来。到春节时,他拿出了3000元钱交给父亲,说:"爸、妈,这是我在学校里得的奖学金。"父亲高兴地说:"真是个好儿子!"

在父母面前,岳云战战兢兢,他生怕父母看出他自己满是茧子和木刺划痕的双手。半年的打工生活,也让他感觉到打工不是他人生的出路。他决定再次回到高中,继续参加高考。因为岳云学习成绩突出和特殊的家庭困难,学校免去了他的学杂费。他在学校里争分夺秒地学习,终于在1999年考入了武汉的一所重点大学。

再次捧到录取通知书,除了惊喜,又遇到了一年前的尴尬,到哪里去弄学费啊!由于父母借的是高利贷,已经欠了3万多元了,他不能依靠父母,便自己去借,跑了几天,只借到2800元。他怀揣着2800元来到学校,反复对学校招生的老师说明自己的困难。他辍学打工的经历让老师很感动,便同意他在欠款的情况下办理入学手续,但学校要求他在3个月里交齐这笔钱。

接下来,岳云努力寻找挣钱还债的机会,在学校食堂里好不容易找到了一个洗碗的工作,赢得了一个勤工俭学的机会。面对着有些同学冷漠、鄙视的眼神,他丝毫不在乎。同时,他又找了两份家教工作。然而,这些可怜巴巴的收入只能维持他最低的生活,却无法还清学校的那笔欠款。3个月后,学校的催款单传到他手里:请你务必在10日内交清全部欠款,以保证你正常学习……

岳云在提心吊胆中度过了一个学年,升入二年级时,这年的学费和欠费仍没有着落。而这时,妹妹来信了,说由于亲戚逼债,父母的病又复发了,她读完这个学期再也不上学了。此时此刻,想着自己艰难的处境,他悲伤、无奈的泪水一泻而下,他决定再次辍学打工,挽救家庭和妹妹的学业。他像上次一样,悄悄辍学挣钱去了,从一个大学生变成了一个打工仔。

为了获得更多的报酬,他在武汉一个电脑公司和图书城做了两份兼职,通过辛勤努力,在短短的3个月就打开了局面。他给父母写信道:爸、妈:一年多没有回老家了,确实想念你们。我在学校里一切正常,学习成绩很好,请不要挂念。我在电脑公司做了两份兼职,一个月有几千块钱的收入,今天寄回去4000元……"

就在村里一个劲儿夸儿子的时候,他父亲哪里会想到,儿子早已成为日夜奔波在武汉街头的打工仔!在辛勤的奔波中,本来就瘦弱的岳云更加消瘦了,但他口袋里的钱却越来越多。他省吃俭用,把这些钱都寄给父母还债,并保证妹妹的读书。到了2002年1月,岳云终于还完了家里的全部外债,他长舒了一口气。由于一年多之前已经办理了退学手续,他不能重回大学校园里读书。因此,他向同事们告别:我要重上大学!

他再次回到高中的教室,经过拼搏,又考上了一所重点大学。他拿着录取通知书后告诉父母:"我隐瞒了你们几年,请不要怪我,现在我有能力读大学!"一时间,父母惊愕不已,许久,他们抱着儿子痛哭:"儿啊,这么多年,苦了你了……"

岳云又一次坐到了大学的教室。他在保持全班学习成绩第一名的同时,开始努力做家教,后来又办了一个初中高中升学补习班,规模也越来越大,一年至少挣20万元。大三时,他花10万元为父母盖了新房,已经是一贫如洗的家庭步入小康。至此,他在命运的谷底重新站立,用自己的拼搏实现了惊人的人生转变!2006年9月,因为成绩优秀,他被学校研究生院免试录取。

(三)打工妹考上研究生

刘小侠(化名)是河南尉氏县人。尉氏县在民国时期出了个女侠名叫刘青霞,时称"南有秋瑾,北有青霞"。刘青霞是我国著名的资产阶级革命家、教育家、社会学家、辛亥革命女志士。她原姓马,是广西巡抚马丕瑶的三女儿,18岁嫁与中州首富、尉氏县刘耀德为妻。25岁时,其夫去世,她冲破礼教随兄到日本留学,加入了孙中山的同盟会,后来回国后捐助辛亥革命。她兴办教育,捐资助学,曾任北京女子法政学校的校长。1922年,冯玉祥任河南督军,她将自己的全部家产交给冯玉祥,冯玉祥将这笔巨资大部分用于教育事业。

刘小侠从小就耳濡目染刘青霞的事迹,对刘青霞十分崇拜。然而,她的家庭却没有刘青霞那么富裕。高中毕业后,她考上一个专科学校,因家里穷不得不辍学,来到郑州打工。

在郑州,小刘在一个亲戚的帮助下,进入了一个有名的房地产公司。她长得漂亮,嘴也巧,很快就赢得了老板和同事们的认可,几个月下来收入也不少。但一次偶然的机会让她受了很大的刺激。她所在售楼部的同事大都是正规院校毕业的,而她只有普普通通的高中文凭,只是一个给别人跑腿打杂的小打工妹,尤其是领导在分配工作时,常常说那句:小刘跟某某一起干。这话无时无刻不在伤着她的自尊心。生性敏感的她意识到,自己在领导的眼中还是一个用处不大的人。她知道唯一能改变自己命运的就是知识,决定业余时间参加自学。于是,她报考了自考学校的一个班,学习英语专业,因为她在高中时英语学得最好。

"心中有希望,再苦再累也心甘情愿。"说起她四年多艰难的自学历程,小刘现在有些轻描淡写。这个自考学校离她的住所有十几里路,但无论是酷暑的盛夏,还是风雪交加的严冬,她都是第一个赶到学校。为了能听清老师的发音,她总是抢坐在教室的第一排。四年下来,她创造了全班学生从不缺课的记录。她学习到了废寝忘食的地步,经常在煎饼果子的小摊前,一分钟就吞完一个煎饼果子,那个吃相完全不像是一个文静漂亮的女孩。她背单词,练听力,几年下来,无论是复杂的句子还是大篇文章,她都能朗读和翻译。在与外国的客户交谈中,客户们都竖起拇指说:"OK!"

"世上无难事,只要肯登攀。"说起她考研的事,小刘感到惬意和自豪。她说她萌生考研的念头已经很早了。她有两个高中女同学都在郑州的一所大学里读书,准备考研。她觉得自己不能比她们低,应该赶超她们。除了在自修学校里学习外,只要有时间,她就到同学的学校里听课。凭着惊人的毅力,她兼修了法律课,成了郑州那所大学里一个不在编的学生。

拿到自学的本科文凭后,她报考了郑州一所大学涉外法律的研究生。涉外法律专业研究生是法学中最难考的,它不仅要求英语好,法律也要精通。除了要掌握几部大法,如《民法通则》、《刑法》、《刑法诉讼法》外,还要熟悉商法,更要掌握《国际公法》、《国际私法》、《对外贸易法》、《涉商法》等。这对于一个没有正式登过大学法律学堂的女孩子来说,难度简直无法想象。第一次考研,她落榜了。

她也知道这是意料之中的事,但她没有气馁,她更加刻苦地工作、学习。2009年,她终于如愿以偿,以一个女新生代农民工的身份登上了郑州一所大学的研究生学堂。

　　她兴致勃勃地告诉笔者,她一定更加刻苦地学习,等毕业后到北京或者上海、深圳去当律师,为中国人跟外国人打官司,为中国争气。笔者告诉她,当律师要有法律资格,考律师资格比考研究生要难。她笑着说:"这有什么难?我能克服一切困难。谁让我是刘青霞的老乡呢?"

第三章
行走在城市边缘

一、在城市里觅食的候鸟们

(一) 难于觅食的候鸟们

许多鸟类具有沿纬度季节性迁移的特性,夏天的时候,这些鸟类在纬度较高的温带地区繁殖,冬天的时候则飞向纬度较低的热带地区过冬。这些随着季节变化而迁移的鸟类称为候鸟。由于城市的拉力和农村的推力,新生代农民工也像候鸟一样在城市与农村之间迁移。然而城市里的高楼大厦虽然很多,却不属于他们。在郑州北环外的一座桥涵下,笔者见到肖秀丽(化名)一家,其生存状况实在堪忧。

这是一个尚未通车的路桥,因为极短,没有什么特色,从外边不注意观察,很难想象里边住着人。顺着杂草丛生和堆满建筑垃圾的小路,笔者来到肖秀丽一家的住处。这是一个人工搭建的窝棚,窝棚上安着一个相当破旧的门。肖秀丽说,这里面住着六口人,即她的公婆、丈夫和一儿一女。这个看上去相当狭小的窝棚被破木板和塑料布隔成了三个小间,外边做饭,她们四口住一间,公婆住一间,每间小屋都堆着破衣服和杂物。

肖秀丽告诉笔者,她全家是这样分工的:公公做搬运工,婆婆做家政钟点工,丈夫原先也是搬运工,现在正在学开车,将来租个车跑运输。她天天买菜做饭,照顾两个孩子。她还说,他们全家收入不多,加上物价节节拔高,他们几天才能吃上一斤肉解馋。她说着,从锅里捞出油渣炖粉条。"吃馍就粉条汤,这是晚饭。"她的语气很平淡。

她说,这里晴天还好些,每到刮风下雨,横行的雨会不请自来,毫无顾忌地穿过桥洞,漏到屋里,屋里晾挂的衣服和捡来的杂牌家具也跟着湿漉漉的。窝棚的后边,是一大堆腐烂的垃圾,散发着难闻的味道。对于这个环境,肖秀丽并没有表现出不满,她甚至说:"这比俺的家乡好多了,出门不远就是大路。俺家乡的山路,一下雨就到处是泥和猪、牛、羊、鸡的屎,下脚都难。"

肖秀丽说:"俺们到郑州来是为了两个孩子,俺要把孩子养大,让孩子读书,再苦再难也要供他们上学。"谈及今后的生活,肖秀丽说:"只要没病没灾,日子就会好起来,都是大活人,不会饿死。"对于笔者的造访,她似乎有些警惕,问:"是不是这桥下不让俺住了?租房俺可租不起。"在我们看来十分简陋的窝棚,居然是他们的天堂!

归来的路上,笔者的心情非常沉重。肖秀丽他们像候鸟一样冬去春来,在城市与乡村之间迁移。他们凭借着血液中的坚韧,像沙粒一样填补着城市的缝隙。他们具有双重身份,既是农民,又是工人;但有时他们既不是农民,也不是工人。作为个体的新生代农民工,每个人都有自己的生存需求,作为一个阶级的一部分,他们尚处在失语状态。

(二)一位新生代农民工的自述

小魏是豫南确山县人,家住在离竹沟镇不远的深山里。确山县的竹沟闻名遐迩,是刘少奇任书记的中原局,当时统管长江以北的河南、湖北、安徽和江苏。在中原局的领导下,"乌云之中见青天,竹沟就是小延安。一声号令震破天,千军万马上前线"。

竹沟的"小延安"之名传遍全国。在枫叶遍地红的时候,笔者在郑州遇到了生长在那片土地的新生代农民工小魏,他接受了笔者的访问。下面是根据他的话整理的:

> 俺是一位新生代农民工,既然您能找到俺,说明这是缘分,也是对俺的信任。俺心里也憋了许多话,也想说给您听听。
>
> 俺住在一个信阳、南阳、驻马店三市交界的小山村,是个"天无三日晴,地无三尺平"的地方。这里的山高林密,人多地少,属于那"交通基本靠腿,耕地基本靠刨,点灯基本靠油,治安基本靠狗"的地方。最大的好处就是安静,空气绝对好。
>
> "谁不说俺家乡好?"俺的家乡是不错,可就一个字不好:穷!许多年轻人娶不起媳妇,只好到外边打工。俺在全村学习最好,上到高中毕业,是俺村学历最高的人。俺高中毕业回到家里时,俺爹说:"孩子,爹老了,实在供不起你了。你出去打工挣钱娶媳妇吧!"于是,俺就来到郑州。
>
> 俺的工作是给城里人盖楼房。俺当了五年小工,如今已经是大工

了,可以带七八个人。俺盖的楼房在郑州遍地开花。有人说俺们是为人做嫁衣,房子盖了千万间,没有俺的一片瓦,其实这话说错了。俺们盖的房子,最早的住户是俺们。那些没完工、没装修的楼房,哪个不是俺们先住的?俺们是年年住新房啊!

俺对俺的工作还满意,老板虽然对俺要求很严格,每天让俺干十五六个小时的活,那是为了锻炼俺的毅力啊!俺夏天要在40度以上的高温里干活,那是为了培养俺抵御紫外线辐射的能力啊!俺常常睡五六个小时,那是老板训练俺的耐力啊!俺经常饿肚子,那是为了让俺减肥啊!

俺最理解俺的老板了,俺的老板不给俺按时发工资,那是怕俺大手大脚乱花钱;老板到了年底还不给发钱,是替俺先存着,怕俺过年一下子花光了;老板过年不让俺回家,是为了给俺省路费,免得火车、汽车票提价让俺们白挨宰。

俺啥都能理解,就是有几点想不通:一是为啥俺的工作那么苦,工资却那么低?俺每天劳动十五六个小时,一年收入才几千块钱,还常常被克扣。听说内蒙古有个市长,一天平均收入两万五;听说一个当官的女人美容,花了500万元把屁股美得全市第一;听说哈尔滨有家医院,治一个病人就收了550万元,比俺全村人一年的收入都高。

二是俺新生代农民工的地位为啥那么低?过去,俺农民不是排在工人老大哥后面位居老二吗?为什么加了一个"工"字倒成了老末呢?俺们见人矮三分,天天遭白眼,却没有地方去诉苦!为什么工人有工会,商人有商会,知识分子有这个和那个学会,个体户有个协,消费者有消协,妇女有妇联,青年有青联,学生有学生会,俺们新生代农民工却啥会都没有,就像有娘生没娘养的孩子?

三是为什么各种社会福利和保障没有俺们的份?城里的工人下岗了可以领取再就业补助,市民贫困了可以领取最低生活保障金,生病了可以享受医疗保险,生孩子可以给生育保险金。俺们不是铁人,俺们也需要补助和保险!可惜,俺们生错了地方!

俺已经成年了,俺还没有女人。俺想不通,为什么俺一个老婆也娶不起,而城里的老板却有一个老婆、六个"二奶"?为什么俺25岁还找不到一个女人,而老板52岁了还月月换女人?为什么俺每天辛辛苦苦地干一年,挣的钱还不够老板给"二奶"买一件裘皮大衣?为什么俺一天干十五六个小时,吃得还不如老板的一只哈巴狗?为什么俺吃不饱、穿不暖、没有房子住,而老板们养"二奶"却日进斗金,腰缠万贯?

其实,俺在老家也有个相好的,长得可俊啦,大家叫她"赛西施",俺把五年打工的钱都给了她哥哥做彩礼,她哥哥说还不够,让俺再等两年。俺真不知道这两年该咋熬。

小魏还说,他姓魏,拆开了就是"委"和"鬼",难道这一生真的要委身于鬼?

所谓命运,是指生死、贫富和一切遭遇。每一个生物都能因为自身受到其他生物的直接或间接的作用改变自己和其他所有物的命运,条件是这个生物要不懈地努力。小魏是努力的,相信他一定会改变自己的命运。

(三) 新生代农民工常遇"黑中介"

尽管有不少新生代农民工进城是以亲缘、地缘和血缘关系为中介的,但还有不少的人则靠广告和信息来应聘工作。这些靠广告和信息来找工作的人经常遭遇"黑中介",赔钱赔工夫不说,到最后竹篮打水一场空。河南省方城县的小芳(化名)就是其中一个。

小芳说,她是方城县博望镇人。博望镇是中州名镇,人口逾十万,它西依白河,北傍伏牛山,因西汉著名外交家张骞出使西域、功高当世,被封为"博望侯"而得名;又因三国时,蜀相诸葛亮初出茅庐、火烧曹军于博望城而扬名。2006年,18岁的小芳高中毕业,只身来到上海,到闵行区找工作,不料却连连陷入圈套,被骗去500多元,最后遭到恐吓,无奈之际,她找到上海有关部门,希望能够得到保护。

小芳详细地说了她被骗的情况:2006年3月14日,她来到闵行区的一家劳动服务公司找工作,他们说需要交报名费20元、中介费280元和押金,即可推荐到一家用人单位担任话务员。付款之前,中介公司老板承诺:求职者在用人单位培训5天,如不合格可退回280元中介费,只是20元的报名费不退,并约定无需付用人单位培训费用。等到培训5天后,第6天用人单位的经理说她不合格而被辞退。当她找到中介公司要求退款时,中介公司老板出尔反尔说:"收了报名费和介绍费我们是不退的,你还要付用人单位5天的培训费,而且我们私下还要给用人单位好处费。"她再三要求退款,并以报警来要挟,他们最终才退给她200元,结果被骗去100元。

3月底,小芳又到上海虹桥南路的另一家劳务公司找工作,他们也收了20元钱和380元中介费,并推荐了一家用人单位。因为有了上一次被骗的教训,她在付款前特别问老板如果用人单位说不合格是否退中介费380元。

老板再三保证:如果用人单位面试后不合格,就退380元中介费,只是20元报名费不退。看到老板信誓旦旦,小芳就去面试了。

被推荐的这个电子厂实际上只招十几个人,但据说该厂的人事科为了拿回扣,竟然串通各职业"黑中介"在面试这一天骗来400多人排队参加面试,而且每人都收取了400~500元不等,结果就可想而知。最令人痛恨的是,当她拿着收据去要钱时,"黑中介"居然把她的收据骗走了,最后空口无凭,不得不不了了之。

时至今日,提起在上海的被骗经历,在郑州打工的小芳还十分气愤。她说:"没有想到我高中毕业进入社会后第一课,竟然是在上海被骗。都说上海是国际化大都市,我看不咋地,人还没有咱河南人实在。"

据调查了解,自2008年经济危机开始,用人单位都在裁员,这就给"黑中介"的兴起创造了条件。"黑中介"骗人有三大特点,需要提醒农民工,特别是新生代农民工注意。

特点一:诱骗岗位针对新生代农民工。新生代农民工急于就业,警惕性不高,法制意识薄弱,受骗后宁可把时间花在重新找工作上,也不愿为被骗的少量金额去报案。正是掌握了新生代农民工这个弱点,"黑中介"肆无忌惮地大行生财之道。为了吸引更多的受骗者,"黑中介"会设定一些对学历、技术要求不高的岗位,如押运员、搬运工、配送员、服务员和话务员等职位。

特点二:诈骗流程"一条龙"。"黑中介"之所以能屡屡得手,主要在于它们"一条龙"式的诈骗流程。第一步,先在报刊上大量刊登虚假广告,诱骗新生代农民工上门应聘;第二步,对上门应聘者谎称可提供工作,骗取几十元至上百元不等的中介费;第三步是将求职者介绍到虚假的用工单位签订协议,再次骗取数百元甚至数千元不等的费用;最后是对缴费求职者进行刁难或威胁,让其知难而退。

特点三:诈骗得逞后驱赶被骗者手法多样。"黑中介"实际上根本不能提供就业岗位,所谓的用工单位也是"空壳公司"。为了应对求职者,"黑中介"往往采取多种驱赶手段,让新生代农民工忍气吞声,自认倒霉。

二、安得广厦千万间

(一)新生代农民工的居住环境

新生代农民工来到城市,他们的生存状况一直为世人所关注。他们所碰到的诸如欠薪、子女就学、与城市磨合、居住等问题尤其受到有关组织关心。共青团河南省委于2009年5月就新生代农民工的居住条件发放了2000份问卷,收回问卷1860份,合格率为90.3%。

调查显示,目前新生代农民工在城市的住房有三种方式,即个人租房、单位宿舍和工棚。有35%的新生代农民工居住在集体宿舍里,有20%的新生代农民工自己租房,有超过40%的新生代农民工则住在临时搭建的工棚里,仅有非常少量的新生代农民工在城市里投亲靠友。

从住房质量上看,符合建筑安全和卫生条件的农民工居住场所不多,简易房、工棚等占有相当大的比例,居住环境相当恶劣。他们的住所往往简陋、陈旧、狭窄,不仅透风透雨,而且存在不安全的隐患。大多数新生代农民工选择的租房多位于城市改造进程中比较薄弱的地段,生活设施不配套,卫生状况不容乐观。相比之下,在企业宿舍或工棚里居住的状况也好不到哪里去。不仅如此,新生代农民工的住所,随着工程项目或社区劳务市场的需求而变化,常常因拆迁因素而频频搬家。

新生代农民工在城市里,居住面积十分狭小,大多数居住面积不足20平方米。据共青团河南省委调查显示,新生代农民工人均居住面积在10平方米以下的占46%,10~20平方米的占35%,20平方米以上的不足20%。目前,在住房保障方面,大部分城市对经济适用房和廉租房的申请设定了户籍门槛。在北京,经济适用房申请人的资格被定为"须得本市户籍满三年"。可见,如果不从根本上改变现在的城乡二元户籍制度,新生代农民工享受与城里人一样的公共福利,只能是一种奢望。

由政府修建的廉租房,在我国刚刚起步。由于各地修建的廉租房有限,而这有限的资源也主要是针对城市居民开放。有些地方虽然也有了一些专门针对农民工的"农民工公寓",但这些公寓没有充分考虑到农民工的实际情况,准入门槛太高,无形中把新生代农民工排挤在大门之外。例如,2005年,长沙市政府曾为农民工集中建了618套廉租房,但在推向农民工的时候,却设定了苛刻的准入条件:"入住廉租房者必须月均收入在800元以下,在市区无自有住房,被用工单位录用在岗一年以上且劳动合同经社会保障部门备案。"结果,这一项出于善意的"民心工程"却遭到新生代农民工的集体冷漠,两年过去了,入住率不到5%。

新生代农民工,作为远离故土、游走在城市边缘的过客,作为城市中最低收入的人群,理应享受与城里人一样的"安居工程"。正如国务院研究室的一位负责人所说:"解决好农民工住房问题,不仅直接关系到一亿多农民工生活的改善,而且对城市发展和管理具有重要意义。"民生不仅仅是口号,也不仅仅是高楼大厦、高速公路,更应该包括新生代农民工的住宿、休息、洗澡等日常生活小事。解决好他们的生活空间,更是为社会的进一步发展打下基础。

(二) 租房:一本难念的经

郑州火车新东站,是新建的石武高铁的一个重要交通枢纽,它的建成决定了该地区将成为一个新的商业中心,将带动周边10公里以内的商业圈发展。其周围的2公里内,建筑工地上机器轰鸣,一大批新生代农民工也从四面八方来到这里。

在商鼎路一座商务大楼施工的新生代农民工大多是河南省周口西华人,他们租的是榆林村的民房,笔者询问起他们的住房情况,他们七嘴八舌地说:"有个窝都行了。""现在房租都这么贵,住大房子俺连想都不敢想。""俺们老家的房子大得很,但守着大房子不挣钱,住大房子有啥用。"

笔者跟着其中一位叫洪途(化名)的农民工来到了他在榆林村租住的房子里。这是一个三室一厅的住房,住着14个人,大都是西华一带的人,房东每月收600元的房租,他们每人摊40~50元不等,仅客厅里就住6个人。房间里的卫生间和厨房共用。每天早晨和晚上是厨房和卫生间使用的高峰,没办法,他们有的只得到街上的公厕去方便。洪途说,有一次他拉肚子,因为厕所被人占了,他拉了一裤裆。他和老婆住在阳台上,"冬天还好些,夏天就惨了,热的要命"。不过这很省钱,一个月只交30块钱。

他还告诉笔者,他过两天就搬到一个大一点的房间,是一个上蔡的拾破烂的农民工租的,没有人愿与那个上蔡人同住。那人让他每月拿100元,给他一间房子。他说:"别人都怕上蔡的艾滋病,俺不怕。上蔡全县有100多万人,得艾滋病的只有极少一部分人。"说完,他带着笔者来到不远的那几间平房。

上蔡人姓李,他说:"俺的家乡里不少人为了挣钱,在俺们的村里建了许多破砖瓦窑,土地上的活土被吃掉,俺们没地耕了,只好到外地打工。自从文楼的艾滋病传开后,俺们上蔡人的名声不好,他们怕传染艾滋病,不敢和俺们接触,俺都不敢说俺是上蔡人,连租房子都没有人愿意与俺合租。"

笔者告诉他,这是人们的偏见。

李某说,这他知道,所以洪途才愿意与他合租房。他一家四口,住两间房太浪费了。洪途能每月拿100元,他的压力就小了。现在经济危机,连破烂都不值钱了,每月的收入要减去一半,剩下的仅仅能糊口。他指着堆在外面的废铁烂塑料说:"俺过去收了就能卖给废品站,现在至少要堆上一个星期才能出售,而且价钱也低得要命。"

笔者看了看他说的房间，其实只有十一二平方，对于他一儿一女和老婆的四口之家来说，两间房仅仅二十多平方，根本算不上大！

（三）学者为新生代农民工居住环境支招

新生代农民工在城市里的居住条件令人担忧，恶劣的居住环境削弱了部分农民工外出务工的信心。

目前，新生代农民工大部分长期居住在夏天闷热、冬天奇冷的工棚、工地或集体宿舍里，生活设施简陋，生活条件极差。由于得不到很好的休息，一些新生代农民工精神受损，体能消耗透支严重，这不但影响了新生代农民工的身心健康，而且为安全生产埋下了极大的隐患。

有恒产者有恒心，安居才能乐业。住房是人类生存和发展最基本、最必要的条件，保证新生代农民工在城市的基本住房条件，不仅能维护他们的最基本的生存权，同时也能促使新生代农民工真正融入城市社会，加快城市化进程。最近，一些研究农村问题的专家纷纷提出，解决农民工城市住房问题，具有重大意义。

——解决新生代农民工城市住房问题，是推进城市化，实现城乡协调、可持续发展的必由之路。近几年来，城市化进程的难度不断增大，其中一个重要原因就是新生代农民工难以留在城市里安居乐业，而是如同候鸟一样往来于城市和农村，不断地外出务工，又不断地返乡回流。如果能解决新生代农民工的城市住房问题，就可以实现劳动力整体的素质提高，有效地降低生育率，减少农村人口，提高农村人均土地拥有量，最终实现城乡协调、可持续发展。

——解决新生代农民工城市住房问题，有利于社会稳定。由于新生代农民工不能真正进入城市，大量人口仍然滞留农村，农村整体贫困面貌难以改变，而且由于外出务工青年已经不适应农村的生活，当其年老时，必将面临城市去留两难的尴尬境地。不少新生代农民工的子女从小在城市长大，缺乏农业生产的知识和经验，更不会回到农村务农，这就造成大量的社会问题。如果能妥善地解决新生代农民工的城市住房问题，将有利于和谐社会的建设，有利于社会稳定。

——解决新生代农民工城市住房问题，有利于提升城市的竞争力。人口素质及其结构状况是现代城市竞争力的一个典型特征，新生代农民工和城市居民是我国现代化建设的共同创造者，解决新生代农民工的城市住房问题，能够从客观上使他们对城市作出持续贡献。新生代农民工的普遍特征是特别能吃苦，对报酬的要求也比较低，他们以积极向上的劳动态度、务

实进取的精神,以及他们所带来的竞争和创新的氛围,使城市竞争力不断上升。

著名农村问题专家、中央农村工作领导小组办公室主任陈锡文曾多次指出,城市住房问题是影响新生代农民工进城的最大问题,要使新生代农民工在城市真心定居,必须解决好住宿、就业、社保、教育四件事。国务院发展研究中心农村部研究员崔传义也认为,如果新生代农民工有了稳定的住房保障,他们就能在城市里定居下来,进而扩大城市消费。为了解决新生代农民工的住房问题,许多专家纷纷建议:

第一,要充分发挥市场机制的作用。解决新生代农民工的城市住房问题,仅靠政府的力量是不够的,要注意调动社会各方面的力量,多方面解决。要根据新生代农民工的实际需求和经济社会发展的条件逐步解决,当前最迫切的是为新生代农民工提供具备基本人居条件的住所。在解决新生代农民工城市住房问题的实际操作中,应该充分考虑新生代农民工的作息规律、地域分布特点以及经济承受能力,避免出现不切实际的建造。

第二,政府要给予必要的政策支持。一是要在城市规划中对新生代农民工给予充分考虑;二是要在城中村改造中吸纳新生代农民工在城市居住,缓解新生代农民工的住房困难;三是要鼓励利用闲置的厂房、学校、仓库等改建成适合新生代农民工居住的房屋。

第三,要研究解决新生代农民工城市住房问题的长期政策,其中应该包括公积金政策、廉租房政策和经济适用房政策等。通过这些政策的调整,逐步将新生代农民工纳入城市住房政策的范围,加以通盘考虑,让新生代农民工在城市里也享受阳光般的温暖。

第四,放开农村宅基地等集体建设用地流转。在中国现在的土地制度框架下,农村土地归集体所有,农村集体土地只能限于耕种和村庄内公共建设,不能买卖。而恰恰在城市郊区,有大量的农村集体建设用地,如果能允许在集体建设用地上建设廉租房,让新生代农民工买得起、租得起,就有可能解决新生代农民工的定居问题。在实践中,"珠三角"的出租屋、上海农民工公寓和北京郊区的农民院落,都是建设在集体用地上,使得新生代农民工有了较稳定的住所。

三、遭白眼的城市过客

(一)有这样一位城市过客

知道"过客"这个词,还是年轻时读鲁迅先生的文章《过客》。《过客》

中阴郁的文字、灰暗的基调和简单的故事情节,处处显露着一种残破和黑暗。如今,在城市里,也生活着这样的一个群体,他们在城市里是那样的无奈,命运告诉他们,他们只是城市的过客。

罗琳(化名)是河南信阳罗山人。在信阳有句谚语"息县的牌坊,罗山的婆娘",是说息县的贞节牌坊多,罗山的女人漂亮。罗琳不仅长得漂亮,而且学习也好。2000 年,年仅 23 岁的罗琳怀揣着硕士文凭告别了呆了七年的大学校园,在河南省会郑州的一所中专教书。不到两个月,她受不了学校的几个领导的骚扰,离开了学校,到了一家外资公司作译员。她觉得凭着自己的才干,凭着自己的年轻漂亮,一定能够闯出一片新天地。

当时公司正在进行新产品的开发试验,催化剂是从外国进口的。由于她的疏忽,误将"二硫化钡"改成了"二硫化铜",致使实验失败,公司也损失了十几万元。事故发生后,部门主任将她带到了老板办公室。老板是个秃顶、肥胖的中年人,样子很凶,但是当看到她时,他愣了一下,忽然表情温和了。他挥手让部门主任离开,对她说:"坐吧,坐吧,年轻人犯了错误,上帝也会原谅的。"她本来非常害怕,一怕被开除,二怕叫她赔偿损失。就在她充满感激时,他发话了:"这样吧,我老婆不在家,你晚上到我家帮我办件事吧。"她发现他的眼神露出奇异的光。

思来想去,比较权衡后,那晚她还是去了,改变她一生的事终于发生了。完事后,她哭了一夜,尽管她是学文学的,并不觉得性的问题太神秘,然而那是在她屈辱的情况下发生的。她觉得那一夜,她还清了老板的债。第二天她毅然离开了那家公司。

有一天,她在酒吧里遇到了一个 40 多岁的女人,这女人姓黄,做服装生意。黄老板听了她的倾诉后,说:"女人闯天下很难,这样吧,你作我的秘书,咱们一同打天下。"黄老板对她也真不错,不仅经常送她时装,还经常给她许多钱,让她供弟弟上学。天长日久,她觉得应该报答黄老板。

在一个情人节的晚上,黄总带她到郑州的一家五星级的酒店,宴请一位有权力的官员,当下谈妥了 300 多万元制服合同。但席间,那位官员就是不签字,两眼直往她身上瞄。黄老板心里自然明白,在趁那位官员上洗手间的时候,"扑通"一下跪到她面前,说:"好妹妹,你救救我吧!"她连忙扶起黄总,含着泪答应了。

那夜,她和那位官员一起住到了那个五星级酒店的豪华包间里。那位官员承诺,给她一套房子,给她这次合同的 30 万元回扣,条件是作他的二奶。她答应了他的条件,住到了他给她的在郑州算顶级的一个"花园"里。然而,不到 3 个月,那位官员的妻子和女儿打上门来,她只好离开了这个

"家",到处漂零找工作。

就在这时,她遇到了大学时的同学莺莺(化名),莺莺大学毕业后没有考研,在郑州的一家号称不比北京"天上人间"落后的歌厅上班。她们在一起谈论着文学,谈着《茶花女》,也读起了乔伊斯的《尤利西斯》。据说看完这本《尤利西斯》的全世界不超过3000人。谈着谈着,她们哭作一团,莺莺说:"我们枉读了这么多的书,最终成了不见阳光的女人!"从那以后,她们的谈论的内容变了,变成了服装、美食、美容和男人。她也跟着莺莺一起到歌厅坐台。

她挣着钱,但很少花钱,她准备存上一笔钱,再洗手不干,做一个贤妻良母,她的灵魂深处一直在寻找着能真心爱她的"阿尔芒"。她的"阿尔芒"终于出现了,他叫廉政(化名),是省直单位的一个公务员。这天他陪着同学来"放松",但他很沉稳,并不碰她,只顾自己唱,而且唱的是外国歌曲,他唱的帕瓦罗蒂的《我的太阳》,唱得很棒。听着他高亢的歌调,她心动了,给他用英文唱了一首《我心永恒》。他听后,不解地问:"你是歌女?"她思索了一下,最终还是肯定地点了点头。

那夜,他们谈到两点多,最后他送她回家,送别门口时,他们互相留下电话。再后来,他们的恋情发展很快。他的父母都是省里的领导,提出要见她,当他们知道她在歌厅上班后,重重地白了她一眼。她受不了他们的眼神,飞快地跑出了那个令许多人羡慕的家。

她换了个歌厅,拼命地挣了两年钱,现在她回到了老家的山村,盖了楼房,承包了一座荒山和一个水库,养了不少鸡、鸭,她发誓要在农村干出样子,一辈子再也不进令她生厌的城市。

(二)受歧视的总是新生代农民工

新生代农民工依旧生活在社会的最底层,他们的各项权益都饱受摧残、歧视,包括文化歧视、文明歧视、性歧视、健康歧视、消费歧视、地域歧视、人格歧视……甚至,"农民工"这个词已成为辱骂人的代名词。

《南方周末》曾刊登过一个报道《一个民工家庭能抗多大风险》,记述了一对新生代农民工因付不起1859元药费,投闽江自尽的故事。事隔不久,同样的悲剧又发生了,又一对新生代农民工因付不起高额药费,饮命长江。事情的原因并不复杂,缺钱是个重要因素,而缺钱背后的歧视,则是他们无法忍受的。

长春是吉林省的省会,气候宜人,素有"北国春城"的美称。然而,发生在长春225路公交车上的一幕,却让人感到没有一丝的春意。据报载,当有

38名新生代农民工上车后,有一名衣冠楚楚的男子竟然要退票,他不愿意同农民工坐一辆车。这分明是对新生代农民工的歧视!

由此,笔者感到,青年农民之所以有时犯罪,那也是一些城里人惹的祸。说实在的,新生代农民工实在可怜,他们像牛一样干活,像猪一样生活,他们也希望改善自己啊!不错,他们中有些人素质低下,随地吐痰甚至大小便;有些人偷盗抢劫、打家劫舍;有些人控制不住原始欲望,没钱嫖娼,只好躲在黑暗处偷袭过路的单身弱女子……然而,这一切全怪他们吗?

对新生代农民工的歧视、鄙视、蔑视,使他们饱受白眼,这居然是号称文明的城市所为。这是为什么?因为他们脏?脏,仅是他们外表!多年前,一位伟人就说过,农民身上有牛屎,但他们的心是红的。他们没有钱,他们在农村一年的收入才多少啊!忙活一年,不够有些城里人一顿饭钱!有钱谁还来打工?有钱谁愿意抛妻弃子、背井离乡?来到城市打工,工钱不高且不说,还常常被拖欠,还要遭受别人的唾弃、鄙视!

城市在发展,社会在前进,城里人吃的是农民种的粮食,穿的是新生代农民工做的衣服,住的是新生代农民工盖的房,用的是新生代农民工的血汗结晶,城里人有什么资格和理由歧视新生代农民工?数数祖上三代,城里人的祖宗是不是农民?中华悠悠五千年的历史,是由农民书写的!新生代农民工受歧视问题的解决,不仅靠政府,更多的应该靠城里人,靠我们全体公民来解决,在提倡"以人为本"的今天,歧视新生代农民工的现象应该在我们的社会上消失。

(三)"千万别嫁农村的"

笔者在河南省会郑州参加一个饭局时曾遇到一位电视台的美女记者,谈起农村、农民,她滔滔不绝。她说,她要写一篇文章,题目是《千万别嫁给农村的》。以下,是根据她的口授整理而得。

  姐妹们,为了大家的幸福,嫁人不要嫁农村的!

  当你谈恋爱的时候,你会觉得无比的幸福和甜蜜,第一眼看到他时,你可能被他迷住了。终于,你们走在一起了,走过了四年,走出象牙塔的包围,走入不受现实力量侵害的日子。他凭着他的优秀,能拿到较高的工资;他凭着他的上进心,能够在事业上开拓一番局面;他凭着他从农村出来的纯朴和责任心,让你绝对没有情敌的威胁,你会感到心醉,觉得世间的好男人都是这样的了。

  事实果真如此吗?答案显然是否定的。

首先是来自生活观念的冲突。当你小时候被父母带着去游乐园吃棉花糖、坐过山车的时候,你的男朋友却在地里玩泥巴。当你高三的时候父母总要你考好成绩、上好大学时,你男朋友的父母却在忧心有没有钱为儿子交学费。由于生活环境的不同,在将来漫长的生活中你才会发现,你们之间的共同语言有多么苍白,你们的话题会渐渐稀少。他或许更喜欢沉溺网络游戏或与哥们喝酒,而你也许花在与女伴一起逛街买名牌上面的时间更多。这时,你就会发现,你们之间的沟通是那么难。

其次是不可避免的经济问题。你是家里的娇娇女,你的父母靠着一辈子的辛苦有了一定的积蓄,当然不会让自己心爱的女儿吃苦,所以他们会把你的男朋友照顾得很好,给你们足够的钱让你们去玩。而他的家里不仅不能给你们经济上的资助,甚至会向他要钱,这时的你和他都没有理由拒绝。结婚的前奏是房子,你的父母可能给你们准备好一套房子,但装修的钱可能他家也出不起。这样,他住着你父母给你们的房子,他的心理会失衡,而你也会自觉不自觉地表现出主人的架势。

以后的矛盾会接踵而来。他可能会有兄弟姐妹期待着能够进入城市,因为城乡的收入差距是客观存在的,他有义务一个一个地帮助解决。一个兄弟要念职业学校了,学费自然指望他;一个妹妹要上美容班了,学费也指望他;乡下家里有病人、修房子之类的更指望他。这样一来,你不仅不会有存款,还会勒紧裤腰带过日子,到头来恐怕连美容院都不敢再进了。

如果你生了女孩怎么办?千万别以为你有学历又是城市女孩就让他家捧着你,传统的观念在他父母那里是根深蒂固的,你是他们家的媳妇,你要对他们家的香火负责。如果你生了女孩,他父母会毫不犹豫地劝儿子离婚,再找一个为他家生个男孩。即使不离婚,这种生活你受得了吗?

因此,我再次奉劝姐妹们,千万别嫁农村男孩!

当时,听了那位女记者的话,笔者心里非常犯堵。爱情是什么?是相识、相知、相伴,是相濡以沫、白头偕老、相约走完人生路。而这位女记者的话里充满着经济、市俗,更多的是一种歧视和偏见。笔者不想与口齿伶俐的女记者费口舌,便问:"请问你的祖上、父母,都是城里生、城里长的么?"

漂亮的女记者哑然了,显得有些窘迫。

第四章
受伤害的总是新生代农民工

一、新生代农民工往往是悲剧的主角

（一）沦为囚犯的悲剧主角

鲁迅先生说:"悲剧是将人生有价值的东西毁灭给人看。"现在,悲剧这个词已经用来比喻悲惨不幸的遭遇。新生代农民工王斌余成为了死囚,成为了悲剧的主角。

王斌余是一个普普通通的新生代农民工,17岁时,他带着改变贫困生活的美好憧憬,开始到城市打工,却在艰辛中不断地痛苦挣扎,备受欺侮。他数次讨要工钱无果,在愤怒中连杀4人,重伤1人。后来他到当地公安机关投案自首,被宁夏石嘴山市中级法院判处死刑。临刑前,王斌余说：

> 我出生在一个小山村,那里常年干旱,收成不好。我6岁时妈妈就去世了,家里生活困难,一家三口人挤在一个大炕上。这几年用打工的钱,才在原先的土坯房旁边盖了几间砖房,可是因为钱不够,新房的门窗到现在还没装上。小时候因家里穷,我边上学还边干农活,在家里要做饭,照顾弟弟,小学四年级就辍学在家。我一直想让弟弟上学,可爸爸说不识字也能把地里的活干得好好的,何况没有钱。弟弟上到小学二年级也辍学了。在家里,我像关在笼子里的猫一样,总想出去看看,打工挣钱,改变命运。
>
> 经村里人介绍,我17岁那年到甘肃的天水干建筑活,一天工资11.5元,扣除伙食费,最后可以拿到7.5元。随后,我14岁的弟弟也来到这里干活,他一天拿5元。我们吃的是土豆、白菜加面,啥便宜就买啥,住在用木板支起来的大通铺上,几十个人挤一间。有一年春天,我在两米多高的地方扎钢筋,掉到地下7米多深的井里,里边全是烂

泥巴,差点被淹死。后来大家把我拉上来,我虽逃过一死,却大病了一场。老板不给我看病,只给我吃了几片感冒药。2003年起,我跟着包工头陈某一起干活,他揽的都是又脏又累又危险的活。在石嘴山一家电厂做保温层时,一天27元。保温层用的玻璃纤维,扎得人浑身起鸡皮疙瘩,我们受不了,老板就骂我们偷懒。工地的负责人吴某经常无缘无故地拿我们出气。我们从早上7点干到晚上7点,有时候晚上八九点才下班,只要天亮着就干活。我们工资一般都是年底结算,平时我们用钱只能找他借。可到年底结算工钱时,老板仍要扣300元的保证金。

2005年5月,因为父亲2004年修房子砸了腿一直没有治好,家里急需要钱用,再加上我一直身体不好,实在不想再干下去了,就想讨回今年挣的5000多元钱,可老板只给50元。我气不过,就去找劳动部门,他们建议我去法院,法院说受理案子要3~6个月,时间太长,还让我找劳动部门。劳动部门负责人立即给陈某打电话,说他违反了《劳动法》。陈某却诬赖我看工地时偷了铝皮,不给我工钱,可我并没有偷。后来,经过劳动部门的调解,包工头吴某答应5天内给我工钱。谁知到了工地,吴某把我的宿舍钥匙要走了,不让我们在工地上住。晚上,我和弟弟身上没钱,可住店最少要10元钱,我们就到吴某家要点生活费。吴某在家不开门,旁边的吴某的几个朋友让我们走,他们骂我是条狗,用拳头打我的头,还用脚踢我,同时还打我弟弟。我当时实在受不了,就拿刀捅了他们几个。当时,我十分害怕,就跑了,到河边洗净血迹,就去公安局自首了。

后来见了我爸,他已经瘦得不成样子。见到他我很后悔,当时也是一时冲动。我做了傻事,法律要追究责任,我评价自己是不忠不孝。我没有多少时间了,我的愿望很简单,让我父亲、爷爷、奶奶过得好一些,他们苦了一辈子。我希望社会能够更多地关注我们农民工。

王斌余,因为要工钱而杀人,不管怎么说也是重罪,何况他杀了4人,重伤1人。但是,王斌余杀人的主要原因是黑包工头拖欠新生代农民工的工钱。伤害了新生代农民工,黑包工头也付出了惨重的代价,同时也给社会的安全和谐带来了极大的危害,这是谁都不愿意看到的。

一个"穷"字,让千千万万新生代农民工背井离乡进城打工。工钱之低廉、工作之繁重、衣食之艰苦,甚至包工头的颐指气使和随处可见的歧视,他们都能忍受,他们只求能按时足额拿到工钱,这是他们最基本的愿望。

如果连这一点都满足不了,他们就可能因绝望而心生愤怒,进而采取极端行为。这血的教训希望人们能汲取。

(二) 矿难、工伤事件扫描

中国是一个产煤大国,是一个严重依赖煤炭能源的国家,同时也是矿难大国。矿难事故表明:煤矿存在非法超层越界开采、煤矿劳动组织安全管理严重混乱等一系列问题,解决这些问题需要各级部门的统一协调。只有不断加强矿山开采的管理力度,才能有效地减少矿难事故的发生。

在"百度"上搜索"矿难"一词,信息便会扑面而来:黑龙江、吉林、辽宁、河北、河南、湖北、湖南、广西、江苏、安徽、陕西、甘肃、新疆……从北到南,从东到西,全国各省无不发生矿难。在贵州的晴隆矿难中,3名河南汝阳籍农民工,在煤矿透水事故发生后被困井下25天,坚持整整604个小时,靠着矿井渗水维持生命,最终奇迹生还!而历史上创造矿难存活时间最长的是澳大利亚人杰克,靠吃煤渣和水,存活了17天又5个小时。如今这一纪录被这3名河南人改写。

2009年6月17日,贵州晴隆县中营镇新民村新桥煤矿发生透水事故,造成16人被困井下。事故发生后,矿方通过撕毁下井人员名单的方式,故意瞒报、迟报事故并隐瞒下井人数,为此耽误近20小时,以致耽搁了救援的黄金时间。当地群众向警方举报后,事情才被外界知晓。

到了第25天,又一批施救人员下井,他们在井下约400米的位置清淤时发生透水,一个巨大的煤块堵死了矿井内一条向上行走的支巷,该支巷与另一条采煤通道相连,施救人员设法撬开大煤块后继续清淤,半小时后听到有微弱的声音,待他们把煤块和淤泥清理过后,发现3名被困的新生代农民工,他们是王圈杰、王矿伟、赵卫星。

施救人员立即用黑布蒙上他们的眼睛,然后用担架扛起被困者,慢慢地送到井口,这时医护人员立即给他们输液,以维护生命的体能。王圈杰他们三人是有经验的,他们知道:"如果被困井下,只要有一口气在,可以嚼煤渣来消除饥饿感和恐惧感,即便是口渴,再没有水也能靠尿来维持生命。"他们三人就是这样来挑战生命极限的。

三名河南人创造了生命奇迹。然而,在这奇迹的背后又折射出什么呢?

近些年,中国的矿难空前得多,大型矿难频频发生,瓦斯爆炸、煤尘爆炸、塌顶、透水等恶性事件总是屡禁不止!每次事故,总有一些新生代农民工无辜葬送他们原本年轻的生命。2006年初,辽宁省的孙家湾矿难,一下子葬送了200多名穷苦矿工的生命！面对严酷的现实，温家宝总理老泪潸然，他在自责：同志们哪，我的工作没有做好，我对不起你们哪！

难道没有做好工作的仅是总理一个人吗？那些黑心的矿主、黑心的包工头、受贿的安监部门难道没有责任吗？正是后者，才是制造矿难的元凶！

许许多多的黑心矿主很猖狂，给他下整改通知单他不整改，给他贴上封条他撕开，给他上锁他砸掉。有些小矿主在监狱里甚至说："放我出去我还干！"这帮人之所以如此猖狂，关键在于"官矿勾结"。有人入股撑腰，他们怕什么？有巨额利润高悬，他们会苍蝇逐臭。在矿难背后的利益格局中，"庄家"是地方党委和政府，中国星罗棋布的小煤矿，不少是地方政府默许的，成为地方政府的小金库。也难怪曾任国家安监局长的李毅中发出感慨：腐败不除，矿无宁日。

工伤，又称职业伤害，是指劳动者在从事职业活动或者与职业活动有关的活动时所遭受的不良因素的伤害和职业病伤害。国家制定了专门的条例，以保证劳动者的权益。然而，新生代农民工们由于缺乏必要的劳动保护，常常为工伤所累。

——据《佛山电视台》报导，近几年来，广东省佛山市九江镇内企业发生的工伤事故、理赔数额有所增加，其中，农民工工伤占80%以上。统计显示，工伤事故发生较多的是家具、五金等制造行业，这些行业经常使用冲床机、锯木机、打磨机等易出事故的机械。在工伤事故中，断指这类轻伤最为普遍，一旦发生工伤事故，医疗费用和理赔金等应该由企业承担。目前，九江镇还存在一部分没有按规定为员工购买工伤保险的企业，劳动部门提醒，企业应主动为员工购买工伤保险，保障员工的合法权益。

——新生代农民工张闯（化名）是河南省西平县人。2009年年初他到北京的一个建筑工地打工，在为工地盖工棚时，从高处摔了下来，摔成重伤，被送到附近医院，后来又转到一个区级医院治疗，花费了4万多元，至今未愈。目前家属多次到工地索要医疗费，却一直没有得到满意的答案。

——新生代农民工黄杰（化名）是河南省正阳人，2009年年初经人介绍到东莞的一家家具厂打工。在工作中，他的一个大拇指被大锯锯断，花了17000元钱才通过手术接好。因为他是熟练工，当时老板承诺，只要还在厂里打工，医疗费他全包。令他始料未及的是，等他伤好后去上班时，老板竟说医疗费还要逐月从他的工资中扣除。他觉得工伤事故应该由工厂负责，但又没有地方说理。

不断发生的悲剧告诉我们，做好新生代农民工的安全工作刻不容缓。相关部门在制定安全生产、劳动保护政策时应该充分考虑新生代农民工的特殊情况和相关权益,从源头上保护新生代农民工的合法权益。有关部门也应该在新生代农民工的培训上下工夫,提高新生代农民工的安全防范意识,确保那些"刚放下锄头,就拿起榔头"的新生代农民工的生命安全,为新生代农民工们撑起"安全保护伞"。

(三)惊世骇俗的"开胸验肺"事件

现年28岁的张海超是河南省新密市人。新密市位于河南省中部,嵩山东麓,隶属于省会郑州,距郑州仅40公里。2004年,张海超到新密市的一家耐磨材料有限公司上班,先后从事过杂工、破碎、开压力机等工作。工作三年多后,他先后被多家医院诊断为"尘肺",而所在的企业却拒绝为其提供相关资料,他经过多次努力得到了鉴定,而郑州职业病防治所却为其作出"无尘肺0期合并肺结核"的诊断,引起了他的质疑。

在那些不堪回首的日日夜夜,他常常举起手中的胸透片,对着窗外的光亮。两片肺叶像蝴蝶张开的翅膀,泛白的是肺里的弥漫性阴影,阴影丝丝缠绕在肺叶里,它像雾一样掠过新鲜的肺泡。这一切证明是尘肺!但他百思不得其解,为什么权威的鉴定机关得出不一样的结论呢?经过反复思考,他决定开胸验肺,如果不是尘肺,他就有救了,如果是尘肺,他坚决要讨个说法。

在郑大一附院,他恳请医生同意他的要求。医生被他的执著所感动,同意为他做开胸手术。术前,他对妻子说:"如果我死了,常带着孩子到我坟上去看看。"他表面上很平淡,心里却十分无奈。自从2007年他发现肺上有阴影后,到处治疗,先后花了9万多元。这次开胸手术的2万元凑得无比艰难,把刚收的小麦卖了,也把家里的羊也卖了。动手术不用止疼泵是要签字的,他躺在手术台上签了字,然后请求医生:"医生,您把我肺上的东西看清楚点!"5个小时后,他醒了过来,医生告诉他,是尘肺。

他说不出当时的感觉,他希望几家大医院都错了,希望自己不是尘肺,还能治好,尘肺是不可治愈的。知道了开胸的结果后,他打电话给郑州市职业病防治所,说他们错了。而对方的回答是:"你所去的医院没有职业病诊断的资质。"他执拗地回答:"我都开胸了,难道还不能证明?"

2007年,他发现自己的肺越来越重,肺完全纤维化,变成两块砖头。他感到自己的身体一天比一天虚弱。以前他扛一袋麦子轻而易举,"噔噔噔"能一气扛上房顶,现在他提一小串玉米就气喘吁吁。他不能闻油烟,不能再下厨房。在新密市刘寨镇老寨村里,一些得尘肺病的人的呼吸"呼呼呼"像拉风箱一样,人的腮帮子鼓得像青蛙的腮一样。他害怕了,因为他还不到 30 岁,是家里唯一的儿子,他还有一个残疾的姐姐。他的脾气变了,以前他内向而平和,和妻子没有吵过架。近两年,他会为一些小事,突然向家人发火,每到这个时候,家里人没人与他计较。姐姐说:"谁知道他能活几天呢?"2009 年初,他在北京确定了是尘肺后,在回郑州的路上给妻子发了短信:"确诊了,你离开我吧。"回家后,夫妻俩抱头痛哭了一场。

2009 年的 7 月 26 日,是张海超一生的转折点。"开胸验肺"被新闻媒体曝光后,郑州市职业病防治所推翻了原来的结论,明确诊断为"尘肺 III 期"。等了两年的结果出来了,家里人为他高兴。可是他怎么也高兴不起来,因为他错过了最佳治疗期。望着诊断书,他厚厚的嘴唇朝上翘着,脸上是嘲讽的笑容。

他曾经工作的那家公司的副总来到了他家,问他有什么要求,他说:"你别给我提钱,我跟你要一块钱,你都知道是干啥用的。"省卫生厅副厅长来到他家,问他有啥要求,他说:"当初体检时发现我肺里有异常,为啥不告诉我?防疫站哪怕说是丢了,我也认了。"新密市的市长来到他家,也问他有啥要求。他没有直接回答,反问了市长一句:"我还有上访时的录音,你需要再听一下吗?"如今,他想起了这两年受的苦,原打算还执拗下去,但是他说:"算了,现在政府把一切都解决了,其他的都不重要了。"

他现在大多的日子是躺在床上,经常望着窗外,他说:"我这个年龄正是干农活最好的年龄。在公司的时候,我的身体很棒。"

2009 年 7 月 28 日,中共郑州市委对市职业病防治所给予通报批评,停止所长李磊的工作。中共新密市委对新密市卫生局给予通报批评,免去耿爱萍的新密市卫生局副局长职务,责成有关部门立案查处振东公司。

2009 年 7 月 29 日,新密市纪委和相关部门组成调查组,给予振东公司党总支书记侯振东留党察看一年的处分,给予公司副总经理秦永彬开除党籍处分,建议董事会解除其职务。责成相关部门对振东公司罚款 25 万元。

"开胸验肺"事件使人震惊! 新生代农民工,在社会底层挣扎着、痛苦着、又无奈着。生活中这个事件不是特例,它其实是现实社会新生代农民工生存状况的冰山一角。曾经有人说,中国地大物博、人口众多,这当然是褒义。然而,在地大物博、人口众多的同时,也有许许多多的事情见不得天日。

二、职业病危害着新生代农民工

（一）职业病对新生代农民工的危害

职业病，是指企业、事业单位和个体经济组织（以下统称用人单位）的劳动者在职业活动中因接触粉尘、放射性物质和其他有毒、有害物质等因素而引起的疾病。根据《中华人民共和国职业病防治法》的规定，卫生部会同劳动和社会保障部发布了《职业病目录》。这一目录规定的职业病有尘肺、职业中毒、物理因素所致职业病、生物因素所致职业病、职业性皮肤病、职业性眼病、职业性耳鼻喉口腔疾病等共10类。

目前，我国职业病发病形势依然严峻。主要表现为：一、职业病危害因素分布广泛，从传统工业到第三产业，都存在一定的职业病危害。接触职业病危害因素人群数以亿计，涉及三十多个行业；接触职业病危害因素的人数、职业病患者累计数量、死亡数量及新发病人数量均居世界第一。二、职业病发病率反弹，近十年来，我国职业病发病情况明显增强，发病人数从20世纪90年代初逐年下降，到了1997年又呈反弹趋势，其中主要是尘肺病检出率显著回升。三、职业危害主要以粉尘为主，职业病人以尘肺病为主，占全部职业病的71%，职业中毒为20%，两者合计为90%以上。尘肺病又以煤工尘肺、矽肺为最多。四、职业病造成的经济损失严重，根据有关部门的估算，我国每年因职业病、工伤事故产生的直接经济损失达1000亿元，间接经济损失超过2000亿元。五、职业病是影响劳动者健康、造成劳动者过早失去劳动能力的主要因素，往往导致恶劣的社会影响。目前，急性职业中毒事件明显多发，恶性事件有增无减，在社会上造成很大的影响。

国家卫生部部长陈竺曾在"保护农民工健康"高层论坛讲演中曾说过，截止到2008年底，各地累计报告职业病70多万例，其中尘肺发病近64万例。近几年，平均每年报告新发尘肺病1万例左右，同时尘肺病发病工龄明显缩短，急、慢性职业中毒也呈现上升趋势。陈竺同时指出，农民工职业病危害尤为突出。目前我国大多数农民工在职业病危害严重的中小企业工作。工资偏低，劳动时间偏长，职业病和工伤事故也频频出现，因而，在一些地方，农民工家庭因职业病致贫、返贫的现象十分突出，农民工健康问题已经成为影响社会稳定与和谐的公共问题和严重的社会问题。因此，他呼吁：要加强领导，落实职业病防治责任，用工单位要严格履行职业病防治责任，形成全社会都来关心农民工健康的良好氛围。他相信，只要大家团结一致，齐心协力，积极防治职业病，保护农民工的健康，就一定能实现和谐社会、小康社会。

这是发自国家卫生部长的心声,最终也必定是全社会的心愿和行动!

生命是美好的,是宝贵的,生命需要人们真心地演绎、维护。人民的政府当然要以维护人们的生命为首任,有作为的企业家更应该关心自己员工的生命安全,而每一个新生代农民工更应该注意维护、保护自己宝贵的生命,感受生命、珍惜生命,让生命绽放出永不凋谢的花朵。

(二)死忘触碰着"橡皮法律"

新生代农民工李建国(化名)是河南省遂平县沈寨乡人。他当过武警,脱下军装后就进城当了"经济护卫"。后来,为了生活和理想,他孤身一人到北京闯荡,他先是干保安,后来跟姐夫张玉良在北京从事装修方面的工作。

2008年3月22日下午,李建国在工地现场患病,被送到中国航天集团731医院进行抢救。抢救了一会儿,医生说"李建国因心肌梗死而死亡"。事情过后,有关方面多方推诿,无人承担责任,不禁令人心寒。

令人心寒的主要原因有三:首先,李建国是在中国航天集团731医院抢救期间死亡的,医院却不愿开"死亡证明"。人已经死了,为了得到一张"死亡证明",伤心欲绝又极度贫困的家属经过一番讨价还价,最终才以2000元与一家法医鉴定机构成交,答应为李建国解剖尸体进行鉴定。其次,李建国生前的雇主在经济赔偿上一再讨价还价,一次次同家属谈判,出尔反尔,达不成共识。再次,在协商不成的情况下,家属找到劳动部门要求仲裁,而劳动部门则以雇主属于"黑包工",不受《劳动法》约束为由,拒绝仲裁。有关方面对这件事情的态度,实在令人不寒而栗,令人疑窦顿生。

开"死亡证明"焉能踢皮球?

按理说,李建国是死在医院救治期间,医院出示"死亡证明"本属应该,是无可推卸的责任。然而当死者家属要求开具"死亡证明"时,医院却说,既然你们已经向公安机关报过案,那么就应该由派出所开"死亡证明"。这是什么逻辑?病人死在医院,被推进停尸房,医院见证了病人死亡的全过程,但却连是否死亡、死亡原因都不能证明,难道医院当初是把一个不能确定生死的人推进停尸房的吗?

家属很无奈,只好找到派出所,派出所当然不能给予证明。派出所有关人员说,如果李建国没有进医院,而是死在医院以外,那他们公安机关就可以开"死亡证明",李建国是不是属于正常死亡,到底是什么原因猝死的,他们派出所无法作出判断。而且医院对李建国实施了抢救,所以"死亡证明"应该由医院开。派出所的理由当然无可辩驳,死者家属只好再次找到医院,而医院的接诊医生和相关科室的主任纷纷躲避不见,连个人影也找不到。此时死者家属茫然失措,经过咨询后,只好找到一家法医鉴定单位进行尸检鉴定。经过讨价还价,最后以2000元成交。

医院该开的"死亡证明"不开,总该交代原因吧?然而该医院有关人员却三番五次躲避,只是害苦了死者家属,他们身处异乡,连住店、吃饭的钱都省着花,还要为医院推卸责任而买单,实在令人心寒。

——新生代农民工不能承受之"轻"

新生代农民工猝死在工作现场,于情于法都应该由雇主单位买单。可是死者家属跟雇主谈判,"谈来谈去到最后他啥都不管了"。撇开法理不说,死者与雇主还是亲戚呢。人已经死了,对于无可推卸的善后事宜,作为"亲戚"的雇主居然"啥都不管"!亏你还是亲戚呢,要是别人又该如何?可见"黑心老板"黑心到了何等程度。

按照《中华人民共和国关于审理人员损害赔偿案件适用法律若干问题的解释》,农民工在上班期间发生意外死亡,雇主应该承担丧葬费、被抚养人生活费、死亡补偿费以及受害人家属办理丧葬事宜支出的交通费、住宿费和其他务工损失等费用。尽管法律有着如此明确的规定,但是诸如此类对于农民工死亡后推卸责任的事件屡屡见于报端。据说,当时那位"黑心老板"常常带着彪形大汉参加谈判,恃强凌弱到了令人发指的地步!在"黑心老板"的眼里,一个新生代农民工的生命是无足轻重的。

——一部无比软弱的"橡皮法律"

人死不能复生,活着的人自然要替他讨回公道。然而,劳动监督大队的人却说:如果雇主没有注册公司,那他的用工就是典型的"黑包工"行为,李建国跟雇主没有签劳动合同,不属于劳动关系,所以他们不能受理。

按照我国新的《劳动法》,这位工作人员的答复无可指责。可是,翻开《劳动法》,我们发现一个令人费解的问题:这个劳动法约束的"用人单位",是"经工商登记注册的企业",维护的也仅仅是"签了劳动合同"的农民工,而将未登记注册的"黑包工"排除在外。如此一来,合法的工伤企业老老实实地与农民工签劳动合同反倒受约束,投机取巧的企业不签劳动合同,出了事一走了之,反倒不受法律的惩处。可怜的新生代农民工要举证十分艰难,只能打碎牙齿肚里吞!这是一部弹性十足的"橡皮法律",而且对非法企业还异常"开恩",不禁令人惊愕!

新生代农民工流汗流血又流泪,何时才能休?

(三)叩问新生代农民工的劳动环境

据《南方都市报》载,中国有超过2亿人受到职业病的威胁和危害,而在已感染的各类职业病中,尘肺病占到71%。尘肺病包括12种疾病,主要表现是肺组织弥漫性纤维化,矽肺病是最常见的一种尘肺病。截至2006年底,全国累计报告职业病67.6万例,其中尘肺病累计发病61万多例,病人广泛分布于煤炭、冶金、坑道建设等行业。自20世纪50年代以来,中国有超过14万人死于职业尘肺病,每年新增约1万例,各种数据均居世界第一。

从目前的职业病情况看,新生代农民工是职业病发病的高危人群。新生代农民工群体大多从事的是采煤、采矿、采石、化工、装修等职业病危害严重的工作,再加上他们又缺乏必要的职业病防护措施,因而很容易患上职业病。不仅如此,由于尘肺病、化学中毒等职业病潜伏期较长,而一旦患病则难以治愈,病死率高。在一些地方,新生代农民工家庭因患职业病致贫、返贫的问题十分突出。解决这些问题的关键在于企业、政府和劳动者本人。

事实上,在职业病防治工作中,用人单位是第一责任人。按照相关法规,用人单位必须严格履行职业病防治责任,加强职业病的源头控制。在招收工人时,企业必须把职业危害提前告知工人,明确防范措施和待遇;企业必须配备好安全的防护设备,采用新技术、新工艺和新材料,从根本上改善员工的工作环境;企业必须依法将新生代农民工纳入工伤保险范围,一旦发生职业病,保证职业病患者得到应有的补偿。当前,要加快推进新生代农民工较为集中的中小企业,特别是采矿、碎石、制鞋、纺织等安全生产条件差、职业病发病率高的企业参加工伤保险,使新生代农民工最基本的健康权得到保护。

在职业病防治上,政府和劳动者本人也是非常重要的因素。对此,有识之士建议:

——各级政府应该坚决清理甚至关闭那些导致尘肺病的高危企业。长期以来,在某些地方,老板追求超额利润,地方追求GDP政绩,一些不具备安全生产条件的企业照样开工,造成很多工人在不知不觉之中就患上了职业病。尤其是尘肺病,波及人数众多,而且不可治愈,因此造成了大量的社会资源的浪费,从某种程度上说,职业病的危害程度高于矿难。

——卫生部尽快修改职业病诊断程序。诚然,卫生部也早已认识到职业病诊断程序的弊端,导致了劳动者申请诊断难、职业病受理机构受理诊断难、作出诊断结论难等问题。具体的修改意见要真正解决"诊断难"的问题,使患病的新生代农民工能早发现、早治疗,延长生命的时间。

——尽快建立新生代农民工尘肺病等职业病的维权渠道。工会、共青团组织无疑是为新生代农民工维权的主要渠道，它们应该代表组织为新生代农民工与资方就工作环境、工资等谈判。如果当时的张海超有工会、共青团组织为其撑腰的话，可能就不会出现"开胸验肺"这样令人绝望的"讲道理"事件了。与此同时，要建立法律援助组织，使新生代农民工的权益得到法律的保障。

　　——尽快建立新生代农民工尘肺病等职业病的援助机制。由于目前的职业病高发群体不是在正式企业工作的职工，而是以新生代农民工为主的流动群体，这在一定程度上反映出职业病患者在维权方面的弱势。职业病本身又具有潜伏期长、发病滞后等特点，以致给许多新生代农民工在工伤认定及其早期治疗上带来了很大的难度。因此应该建立职业病早发现、早治疗的机制，排除隐患，从源头上保护新生代农民工的健康和安全，真正体现"以人为本"的理念。

　　——提高新生代农民工的自我保护意识。新生代农民工往往是"刚丢下锄头，就拿起榔头"的乡下人，他们往往没有经过城市的风雨的洗礼，对自我保护的有关知识十分欠缺。因而，有关部门要加强新生代农民工的培训，使他们掌握有关知识，将防范职业病融入到工作中去。人们祈盼"开胸验肺"不再发生，同时也祈盼中国的尘肺病"世界第一"的帽子不再继续戴下去！

三、新生代农民工的健康状况不容乐观

（一）新生代农民工的健康状况令人担忧

　　2009年以来，共青团河南省委组织人员对新生代农民工的健康状况进行了调查。调查显示：民工健康保障程度低，健康状况令人担忧。

　　调查发现：新生代农民工主要存在的健康问题有携带乙肝病毒、痔疮、心律失常、尿路感染、肠胃炎等；民工作业时主要接触的职业危害因素为粉尘、噪声、有害气体等；有20%的新生代农民工存在心理问题，包括紧张、焦虑、忧郁沮丧、愤怒意乱、慌乱困惑等；38%的青年女工反映未开展女工保护；企业为新生代农民工办理各种保险的不足40%；超过60%的新生代农民工每月得不到8个休息日，平均每月工作21天的不足5%；70%以上的新生代农民工每天工作超过8个小时；50%以上的民工住所无卫生设施。

　　调查表明：有将近10%的新生代农民工为乙肝病毒的携带者，5%的新生代农民工有尿道炎。根据健康专家分析，新生代农民工之所以肝病检出

率高,主要是卫生条件不好,不懂预防知识。他们中不少人有共用碗筷、水杯等不良生活习惯,如果这些器具被肝病患者的唾液、血液、乳汁、胆汁等污染,很容易传染肝病。还有超过90%的新生代农民工没有注射过任何肝病疫苗。

调查中还发现:男性新生代农民工中患疝气、痔疮、下肢静脉曲张等疾病的人员呈上升趋势。专家称,这与他们的生活、工作环境密不可分,与他们的劳动时间过长、劳动强度过大以及饮食不当、卫生条件差有直接的关系。调查中还发现:女性新生代农民工妇科病阳性率超过30%,女性疾病主要是子宫肌瘤、盆腔炎和囊肿等,这一群体的健康状况明显差于其他的女性群体。

城里人看病有医保,农村也开始建立新型合作医疗组织,但是游离在城市和农村之间的新生代农民工生了病却没有保障。来自河南省舞阳县的新生代农民工小赵来北京打工已经六年了,他说,他在北京大企业干过,小企业也干过,但是从来没有单位为自己办理医疗保险。平时有个伤风感冒或者手上破口之类的小病小伤,心肠好的老板也会送上创可贴之类的药,但真碰上大病,就没有人管了。2007年,他得了胆结石,单位根本不管,他只好回老家看病,一下子花了三千多元,加上好几个月不能干活,他那年一年的活算是白干了。

对于少部分参加城镇职工医保的青年民工幸运儿来说,他们也有城市人没有的烦恼。新生代农民工多是流动的"候鸟",今年在北京,明年可能到广州,但基本医疗保险制度规定,参保者离开了参保城市,只有个人账户上的余额可以带走,大部分"分内"的基本都"充公"了。据悉,广州医保民工的缴费中,最后用到新生代农民工身上的只有百分之十几,上海在这方面也只有百分之三十几。新生代农民工参保,比起城里人来说,显得很不划算。有关专家称,现在城乡社会医疗保障制度,是按城乡二元分割的状况设计的,没有充分考虑到新生代农民工工作的流动性和特殊性。

于是,多病而又没有钱的新生代农民工有病时只能求治于"黑诊所",以致"黑诊所"形成了庞大的地下产业。据卫生部官方网站显示,仅在2004年的非法行医专项治理工作中,全国各地共查处案件77033件,吊销医疗机构执业许可证3477个,没收非法所得2525.86万元,罚款4817.63万元。即便是在北京,"黑诊所"也屡禁不止,北京市卫生监督部门的执法人员说,今年又有许多黑诊所重操旧业,有的已经被取缔处罚过五六次了,但每次之后他们都"打一枪换一个地方",隐蔽性很强,查处起来相当困难,尤其是在城乡结合部更是如此。

所谓"黑诊所",基本上有三个典型特征:无行医资格,医疗设施简陋,卫生条件差。但其"业务"无所不包:妇科药流、人工引产、接生上环、性病专科、皮肤专科、内外儿科、牙病专科等等。"黑诊所"之所以泛滥,最根本的原因是目前的医疗体制和社会保障制度不健全,无法为低收入群体提供适当的医疗环境。

目前的正规医院,医疗费用和医药价格虚高,导致低收入群体无法承受。在北京木樨地的一家建筑工地,来自河南省原阳县的新生代农民工小张说:"大医院太贵了,看病的手续也复杂,上次我患感冒到一家大医院,要挂号、划价、交款、取药等,那次看病足足花了我一个月的工资。后来我就到附近的小诊所看病,一次十几块钱就行了。"

在调查中,许多新生代农民工都表示,如果是一般的小病就先忍着,实在不行再去看病,首先选择的还是私人诊所。他们也知道这些小诊所没有行医资格,缺乏医疗技术,卫生条件、消毒措施、诊所安全都没有保证。谁不想上大医院啊?但是他们去不起。

"黑诊所"问题背后是沉重的社会问题:社会边缘人的生命权、人格权、健康权如何保证,社会如何以一个适当的机制来实现公平,这不只是我们社会进步的要求,更是人类生存的基本要求。

(二)疼死在大医院走廊的新生代农民工

据《新京报》报道,2005年12月13日在北京某大医院急诊走廊,来北京打工的新生代农民工王某因无钱治病,在嚷着"疼,救命"的叫声中死去。事发前,120救护车曾两次送王某到该院。该院急诊主任称,此前为王某检查没有生命危险情况下,医院不便给患者垫钱,而当医生发现病情严重时,王某已不知去向。而据目击者称,就在同一天的晚上,王某死在这家医院的一楼男厕所旁,这里离最近的抢救室不到10米。

与王某同在北京找工作、同在北京火车站候车室的长椅上过夜的都某非常清楚那天夜里发生的一幕。他说12月12日晚11点多,王某捂着肚子,在地上来回打滚,不停地喊痛,还不时地从嘴里吐出带血的东西。都某打电话叫来了120,救护车按照就近的原则,将王某送到这家医院。都某说,到了医院后,急诊室的大夫给王某做了量血压等检查,并给王某开了药单。"我们连挂号的钱都没有,120就没有收钱。"都某说。见他们没钱,医院拒绝治疗,王某还同医生争论了起来,医生当时的答复是"检查没有生命危险,不是见死不救"。

都某扶着疼得直不起腰的王某走出医院时,途中遇到了王某的朋友,

这位朋友听说后,带着王某返回这家医院治疗。据知情人说,因买不起别的药,王某只打了1.8元的止痛针便离开了医院。距王某回到北京站不到12个小时,王某又发病了,据都某说,这次比上一次更厉害,王某满地打滚,还吐血。北京站的一位民警和都某一起把王某抬上救护车,救护车又把王某送到了这家大医院。一路上,王某捂着肚子,不断地喊"疼",嘴角还流着血,而到了医院,护士问:"怎么又来了?"

都某回忆说,当时他告诉医生,王某的亲戚正在筹钱,能不能先治病。医生答复:患者没有生命危险,钱送来才能治疗。随后,都某离开了医院,民警在医院里守候两个多小时后也离开了医院。据知情人称,民警走后,医院的工作人员见王某在大厅里挡道,将王某的担架车推到一楼的走廊里。据在该住院的患者家属证实,13日凌晨王某在一楼走廊里不停地喊"疼"和"救命"。"病人都没法休息,也没有医生管他。"一位住院者的家属如是说。

13日晚,在医院里待了不到一天的王某在医院里去世了。据目击者称,当晚6时许,王某在耳鼻喉科门口,该科医生称病人不是他们科室的病人,让保安把王某带架到一楼男厕所门口。男厕所距抢救室不到10米。不少病人家属反映,直到14日凌晨,王某的尸体一直躺在厕所门前没人管,特别吓人。这家医院的电梯工也证实,王某的尸体是14日上午9时30分左右才被推到该院的太平间。

对此,医院急诊科主任解释说,12日晚经检查王某血压等指标均正常,并无生命危险。13日中午医生曾给王某检查,发现他此时病情加重,医生给王某开了药,并通过分诊台让医院先垫钱给王某治病,不过此时已经找不到王某了。

这位主任还说,王某不爱说话,不愿和医生沟通,直到13日晚10时,他接到值班医生电话,才知道王某已经死了,还吐了许多食物残渣。对于保卫处称王某的尸体在一楼,这位主任解释说,抢救室在一楼,当时医护人员在二楼发现王某不行时,医护人员急忙往一楼抢救室送,可是他已经死了。这位主任还说,王某死前吐了一些食物残渣,因此怀疑他是因为残渣堵住气管窒息而死,具体死因还得等王某的家属来后,申请法医鉴定才能知道。

而另有知情人则说,当晚7时30分,王某躺在厕所门口的担架上不停地喊"疼,救命",大口大口地吐黑血,走廊墙壁上都是血点,后来医院保洁工把血迹擦掉了。晚上8点30分左右,一楼的一名护士怀疑不再喊痛的王某已经死亡,通知了一名保安,保安通知了医生,随后两名医生检查确认王某已经死亡。

生命是人类从事一切活动的前提和基础。没有生命，就没有一切。《中华人民共和国宪法》明确指出：中华人民共和国公民的生命权受到《中华人民共和国宪法》保护。而在现实中，漠视生命、侵害生命的现象并不少见。一个身染重病的新生代农民工被送进医院，却因身无分文而遭到医生的见死不救和冷酷麻木。这是个非常典型的漠视公民生命权的案例，是对宪法的极大践踏！

漠视公民生命权的根本原因在于：在利益的驱使下，生命完全沦为货币符号，一些单位和个人唯利是图，不惜泯灭人性，丧尽天良。在这些人看来，只要不能让他们赚到人民币，身染重病的新生代农民工患者的生命算什么。回顾王某的整个"治疗"过程，除了挂号费外，医药费只花了区区1.8元，堪称中国"最廉价的死亡"！

（三）新生代农民工的心理健康不容忽视

由于城乡差距的存在，对于大多数新生代农民工来说，他们的家庭状况大多比较贫穷。当他们与城市青年比较后，在潜移默化之间，自卑感、抑郁情绪等就会随之产生。心态的失衡是心理问题的前奏，从而导致精神卫生问题的出现。特别是新生代农民工进城后，生活环境发生了根本的变化，会导致如沟通不良、人际冲突、社会恐惧、孤独、缺乏社会技能等心理问题，这些情况往往会进一步引发自卑、抑郁、焦虑等不良情绪，从而影响他们的生活和工作。

22岁的河南小伙子赵某，只身从老家豫东兰考县到上海打工。由于没有亲人朋友的关心，加上性格孤僻，缺乏与人正常交往的能力，感觉生活压力大。一年后，他失业了，觉得活着没意思，屡次自杀不成后，便希望通过杀人偿命的方式，让法律约束自己的生命。他从上海来到苏州，在一家美容院里与一名小姐发生关系后，先持刀杀害了该小姐，后又持刀杀害了闻声赶来的老板娘，然后向警方投案自首。

经审问，赵某杀人的动机居然是"找死"，赵某不光不拿自己的生命当回事，同样也不把别人的生命放在眼里。但如果在案发前有人对他进行心理的疏导，缓解他的压力，或许悲剧就不会发生。如今，我国有数以亿计的青年农民在城市里打工，处于社会底层的他们，在就业和生活压力上都远远大于城市里居民，再加上远离家乡和亲人，难以适应陌生环境，经常受到不公平待遇等，致使他们的心理压力难以释放。一旦他们遇到失业、欠薪、失恋或其他刺激，往往会发生自残、自杀、斗殴甚至凶杀等恶性事件，引发一系列的社会问题。

据河南人民医院心理门诊孙医生介绍,目前,人们在心理方面的问题主要分为心理偏差、心理障碍和心理疾病三种,其中前两种与人的性格有很大关系,性格越偏离常态就越没有自知之明,不可能主动寻找心理帮助,这一点在部分新生代农民工身上表现得很明显。不少新生代农民工对自己情绪上的变化不以为然,只是默默忍受着心理疾病的折磨。从目前就诊的病例看,亚健康正严重地困扰着众多新生代农民工。

孙医生说,根据世界卫生组织对健康的定义:一个人只有在生理健康、心理健康、道德健康和社会适应性四方面都达到健康,才算是完整的健康。他们把肌体器质性病变,其中有一些功能改变的状态称为"第三状态",我国称为"亚健康状态"。新生代农民工由于其群体的特殊性导致心理问题,表现在自身的焦虑症和对社会的恐惧症上。他说了以下两个病例。

病例一:孟某是豫东夏邑县来郑州打工的青年农民,到郑州后他发现现实生活与他先前的期望相差很大,连续换了几次工作他都不满意。性格内向的他开始酗酒,对于亲朋好友也不理不睬,经常无缘由地紧张,担心自己无法在这个城市里生存下去,因而经常想轻生。

病例二:小罗是豫南商城县来郑州打工的女青年农民。高中毕业后,她到郑州一家房地产公司当了"售楼小姐",由于她的漂亮和聪明,不到三年,她就升到销售经理。而这一天,又是她的生日,朋友们为她精心准备了"双庆"宴会。宴会是从当天下午开始的,一直进行到深夜。凌晨2点多,她才独自回到了自己的新居。那一刻,她感到从来没有过的困乏,无论是在精神上还是在肉体上。她将灯熄灭,躺在床上辗转反侧,像一条被煎烤的鱼,一夜没有睡着,从此患上抑郁症,每天晚上失眠。每当合上眼睛,白天经历的事情就像过电影一样在头脑中闪现。她的睡眠也很浅,有个风吹草动就醒了,醒后再也难睡着。她感到忧心不已,因为她的事业刚刚有了起色,如果失眠,就打不起精神工作。而越担心,她越睡不着,病情逐渐加重,经常处于焦虑、焦躁之中,六神无主,浑身疲倦。她开始对生活失去信心,无缘无故地对别人怀疑和猜忌。同时,她还过分地责备自己,胆小怕事,诚惶诚恐;独处时,她竟然有跳楼的冲动。

由于心理现象极其复杂,每个人的情况又千差万别。新生代农民工出现多方面的心理偏差是正常的,只要科学地对待,学会调整自己,就完全可以健康地生活。有关专家提醒新生代农民工要从三个方面正确对待:能正确地认识自己,对自己有恰如其分的评价,不卑不亢;能正确地对待他人,善于交友,建立良好的人际关系;能正确地对待环境,分析哪些能改变,哪些不能改变,并以此来决定自己的行为。只有对生活中出现的各种问题和麻烦不退缩、不逃避、不幻想,新生代农民工朋友才能使自己的心理处于一种和谐、自然的健康状态。

新生代农民工是城市里的弱势群体,而女性新生代农民工又是新生代农民工中的弱者,是弱势中的弱势。由于其生理和心理的特殊性,加上社会的性别歧视等,女性新生代农民工在城市生存中更为艰难,遭受的痛苦更多。女性新生代农民工的平均年龄为28.3岁,可以想象,处在这个年龄段的女性农民工,她们大多已经做了母亲。她们为了挣钱给孩子上学,为了维持生存,忍痛割爱,把原本年幼的孩子留在家中让老人们看管,自己则随着丈夫或独自无奈地踏上了外出打工的艰辛之路,这应该是何等地悲壮!

女性新生代农民工的收入少,工作时间长。女性新生代农民工由于文化水平低、劳动技能差、身体素质相对弱,在城市从事的多是餐饮、娱乐、休闲、保洁等领域的职业。目前在河南郑州,服务行业员工的工资普遍维持在600~800元之间。在这个行业中,普通员工又分为几个等级,服务员、打杂为店里等级最低员工,拿的是店里最低工资,干的却是时间最长的活。

女性新生代农民工多数从来不进医院,有病扛着或到小药店买些便宜药,更别说是体检了。她们的自我保健意识相当薄弱,"挣不了几个钱,却落下一身病""小病拖、大病扛,实在不行上药房"成了她们健康状况的真实写照。河南省郑州市的妇幼专家说,女性的生理结构比男性脆弱,更容易感染病菌,女性妇科病的感染率达到67%,其中子宫肌瘤、盆腔炎、宫颈炎的发病率较高,因此女性新生代农民工朋友一定要关心自身健康,洁身自好,当身体有病的时候,一定及时到医院,在医生的指导下用药,千万不要将小病拖成大病。

女性新生代农民工身份边缘化,安全隐患多。豫北沁阳县的女性青年农民晓月,来河南郑州打工已经三年了,她先在餐厅打工,后来到一家娱乐城当服务员。她说:"俺始终感觉自己跟城里人不一样,所以只能在自己的圈子里生活,其实俺也想走出圈子,到外面看看。"当放假休息时,她们这些外来的务工人员就找老乡聊天或者回到租来的房子里睡觉,业余生活非常简单,感到特孤独,根本交不上城里的朋友。城里人用有色的眼睛看着她们,使她们很无奈。"其实人都一样,竖长鼻子横长眉,城里人凭啥看不起俺们?"晓月气愤地说。

女性新生代农民工走入城市,为城市建设作出了巨大的贡献。现在,男性新生代农民工在城市里从事的职业越来越多,成为城市建设中不可或缺的产业工人,但是女性新生代农民工所从事的则大多为城市的边缘职

业。由于某些休闲娱乐行业的非法经营,导致色情的泛滥,许多城市人把责任归结为女性新生代农民工,把打工妹与小姐联系在一起,使她们遭受社会的冷眼与歧视。她们在工作中甚至常常遭受性侵犯、性骚扰。

从事服务行业的女性新生代农民工(指美容美发、保健按摩、休闲娱乐、旅店餐饮等单位的从业人员)中,有81%的女性新生代农民工遭受过语言或行为上的挑逗或骚扰。在河南郑州某洗脚城工作的、来自偃师县的巧玲(化名)说:"每次当客人讲黄段子,我都很反感,那感觉就有人在扒我的衣服一样,浑身不自在,脸上发烫。我是凭自己的劳动吃饭,又不是当小姐的。"据了解,从农村进入城市的年轻女性,多数把娱乐服务业视作最不安全、最缺乏人身安全保障的行业。但为了工作,她们往往又不得不选择这些岗位来就业,毕竟服务行业的培训比较简单。而且,这种行业也需要大量的年轻女性。

女性是人类世界二进制编码元素之一,与男性相生相克,又互为补充。女性的作用很大,一位领袖曾把她们称为"半边天"。男女平等是社会文明进步的标志,感恩母亲,就应该从关心和理解母亲做起。何况女性新生代农民工是母亲群体中最为艰辛的母亲群体!

第 五 章
新生代农民工的子女不应该输在起跑线上

一、"望子成龙"是中国人的梦想

(一)"望子成龙"情结

有一首歌,叫做《天下父母心》,歌词中这样写道:

吃了多少苦/受了多少累
　　你们为了抚养儿子/遭了多少罪
　　头发白了不会再变黑/皱纹添了不会再倒退
　　起了多少早/贪了多少黑
　　你们为培养儿子多少心力被操碎
　　眼睛花了/赶路已驼背
　　牙齿掉了/说话常琐碎
　　常言说/可怜天下父母心
　　直到我们有了儿女/才能真正地体会
　　最感动就是天下父母心
　　直到我们有了儿女/才能真正地体会
　　最感动就是天下父母心
　　……

这首歌,道出了儿女们对父母的理解,也折射了父母为儿女们的付出。每一个中国人,都希望自己的儿女在学业和事业上有所成就,都有"望子成龙、望女成凤"的情结,盼望儿女能成为出类拔萃的优秀人才。

中国以其辽阔的地域、悠久的历史和灿烂的文化,屹立于世界民族之林。千百年来,中华民族历尽千辛万苦,创造了灿烂的中华文化,这个博大精深的传统文化以"龙"为象征。这个象征,让所有中华儿女都以龙的传人为骄傲。于是,"望子成龙"成了延续中华文化的教育期望,人人希望成为"龙",家家都盼望自己的孩子成为"龙"。于是,"不要输在起跑线上"成了家庭教子的经典理念。

新生代农民工虽然身处社会的底层,他们时时刻刻想着改变自己的命运,在努力无望的情况下,他们把家庭、家族的希望都寄托于孩子身上。因为他们知道,人的生命只有短短的几十年,谁也没有办法延长到200年,只有下一代才是他们的希望,这是绝大多数中国人沉甸甸的心结。他们把孩子当成是自己的生命延续,当成光宗耀祖的唯一砝码。"望子成龙、望女成凤"是一种传承,是一个朴素的现实,当然也是人类美好的、幸福的渴望。

自从两千多年前中国的先哲孔子开创课堂教育以来,绝大多数做父母的都想尽办法把自己的孩子送到好学校,接受好教育。"昔孟母,择邻处,子不学,断机杼"影响了一代又一代的中国父母们。然而,新生代农民工的能让自己的孩子上好学校读书吗?

2009年,又到秋季开学了,北京农民工子弟学校班上的学生稀稀拉拉的,像北方大旱时田间的麦苗,又像金融危机下南方开工不足的车间,是一种让人感到焦虑的稀疏。在北京不少农民工子弟学校,注册的人数较上学期有不少短缺。据说,这些流失的孩子,有的留在老家就读,有的则随着父母到别处打工去了,而留在学校里继续读书的孩子,不少孩子的心理上还罩着阴影。

开学已经第4天,来自河南省鲁山县的13岁的男孩陈卫华(化名)才来到学校。这几天,他的父亲正为他的不到400元的学费发愁。那天晚上,笔者好不容易找到陈卫华的家。这是一个8平方左右的家:单人床、破衣柜、旧电视、锈迹斑斑的煤气灶具是他们父子的全部家当。一盏10瓦的萤光灯下,陈卫华在专心读书。

提起陈卫华的上学,陈卫华正患病的父亲眼圈就发红:"这几天,俺看到别人的孩子高高兴兴地背着书包上学,俺心里比针扎的都难受。俺这个当爹的没本事,让孩子也跟着俺遭罪……"陈父说着,声音有些哽咽。陈父告诉我们,2007年,孩子的娘病死了,是肺癌。这些年为她治病,花光了全部家当,他只好把女儿交给年迈的父母,自己带着陈卫华来北京拾破烂。"屋漏偏遭连阴雨",半月前,他得了重感冒,在家里躺了许多天还没好。他还说,像陈卫华这些交不起学费的还有好几个。

上学费用高,是新生代农民工子女入学的一大困难。带孩子上学,是许多新生代农民工的无奈之举。大凡在家乡能够上学的,都在家乡上,因为在家上学,不必为学费发愁,国家实行了九年义务教育,提供了小孩上学的环境。但另一个问题是,小孩在家无人管,容易放任自流,家长们实在不放心。目前,我国有将近2000万流动儿童,据国务院妇女儿童工作委员会办公室和中国儿童中心的调查显示:义务教育年龄段的流动儿童中,9.3%的孩子处于失学、辍学阶段。这就意味着,全国有近200万儿童面临失学、辍学。200万啊,相当于一个中等人口国家的全部儿童数!

到城市公办学校就学,是新生代农民工子女不敢多想的奢望。唐娜（化名）是来自河南省唐河县的12岁的女孩,她每天天刚蒙蒙亮时就小心翼翼地将前一天吃剩下的饭菜放进饭盒里,摸黑赶到离家六七公里的农民工子弟学校,开始一天的学习。"俺也想到附近的公立学校读书,那里有好食堂,可是,俺掏不出那里的借读费。"想起读书的辛苦,小唐娜的鼻子就发酸。

新生代农民工子女们的异地流动,是中国现阶段经济社会发展的必然产物。成千上万的孩子们随着他们的父母迁徙,也应该享受着公平的教育权。而现在,在世界经济危机的大势下,成千上万的新生代农民工纷纷下岗失业,他们的子女们也因此变动居处,四处奔波,被社会变化挤压出来。城市的挤压效应往往更多、更强地作用于边缘人群,新生代农民工由于经济的限制、身份的制约、物资生活的困顿,给他们的子女带来许多不应该由他们那个年龄段的孩子要承受的窘境,这些孩子们承受着不能承受的生活之重。有个在北京的河南籍新生代农民工的孩子,在《我的一天》中这样写道:

> 早上3点钟,我和妈妈一块起床。刷牙洗脸后,我和妈妈一起到5公里外的新发地农贸市场去批发蔬菜。批完蔬菜后,我和妈妈一起把菜用车推到农贸市场去卖。然后,我回家做全家的早饭,等到和弟弟吃完早饭后,我就到菜市场把妈妈换回来吃早饭,妈妈吃完饭后,再到菜市场来换我。然后我就背着书包去上学。中午放学以后,我回来做午饭、吃午饭。等我和弟弟都吃过午饭后,我再去菜市场换回妈妈吃午饭。等妈妈吃完午饭后,再换我去上学。下午放完学后,我回家里边做晚饭,边写作业边带弟弟,等妈妈卖完菜后,我们就可以吃晚饭了。吃完晚饭,我就可以睡觉了。这,就是我的一天。

据说,写这篇作文的是个河南的小姑娘,只有14岁。很难想象,城里

的同龄孩子看后会有何感想。在北京农民工子弟学校有一位很文静的班主任说起她的学生时,十分感慨。她说,她班里有一个叫刘杰(化名)的学生,由于父亲入狱,母亲改嫁,他只能跟着看大门的爷爷生活。每到开学时,他不得不做让他觉得很丢脸的事,他总会说:"老师,我爷爷交不上学费,您让我先上课吧,我爷爷说过一个月一定把钱补上……"

这就是新生代农民工的子弟,他们过早地担负着家庭的生活重担。在他们幼小的心灵里,虽然有自强意识,但同时十分敏感、脆弱。人们啊,请关注这个特殊的群体!

(二)新生代农民工子女的暑假生活

"望子成龙、望女成凤"是城市父母的最大心愿,他们希望自己的孩子不但学习成绩优秀、身体健康,而且还要多才多艺、气质高雅。在暑假里,分布在城市大街小巷的各种文化课补习班、艺术班、兴趣班和特长班都十分热闹,生意红火。炎炎夏日,家长和孩子奔波其间,成为城市孩子里一道别样的风景。在暑假里,还有不少家长带着孩子远游祖国的名川大山,让孩子们在风景如画的环境中放松身心,度过暑假的美好时光。

而这一切,都需要雄厚的物质基础。河南省郑州市金水区纬二路小学三年级的一个班里,每个学生在暑假的平均费用达 2000 元。

然而,不一样的孩子却过着不一样的暑假生活。笔者在郑州调查了部分新生代农民工的孩子,他们这样度过自己的暑假:

位于郑州市北环的陈寨,是河南省有名的蔬菜市场,来自豫南固始县的胡兰花(化名)3 岁多就跟着父母来到这里。因为本钱少,她的父母都在当装卸工。她家住在离市场很远的一个叫不上名字的小巷尽头。小巷的路坑坑洼洼,十分偏僻,两间石棉瓦的小屋,有 30 来平方米,又低又破,冬冷夏热。他们之所以选择在这里,是因为房租便宜,"每个月只要 150 元"。一台 14 寸的黑白电视机,是屋里唯一的电器。"这里还不错,不远的地方有条小河。"胡兰花说。其实,那不是什么小河,只是个臭水沟。

胡兰花说,她每天都在河边卖菜,是她父母从批发市场捡来的剩菜,菜卖得很便宜,但也有人买,因为这里住的大多数是穷人。她每天可以卖近二十多块钱,除了本钱,可以赚十多块钱。一个暑假下来,她的学费就可以不找父母要了。胡兰花只有 11 岁,由于营养不良,显得很弱小,而她的脸,被太阳晒得很黑,与张嘴说话露出的白牙形成鲜明的对照。

2009 年七八月份,郑州市经三路一家高档饭店门前,每到吃中、晚饭的时候,经常可以见到两个十来岁的女孩,她们望着进进出出的人们,怯生生地问:"您擦皮鞋吗?"

经询问,这两个女孩是双胞胎,家是河南周口沈丘的,她们的父母三年前从老家来到郑州,靠擦皮鞋谋生。因为父母擦皮鞋,她们早就学会了这个手艺。不过上岗前,父亲还是很认真地又教她们几遍,并亲手给她俩各做了一个擦鞋盒。就这样,每天中午1点到晚上9点是她俩的工作时间。

刚开始两天,她俩的生意不太好。"看见别人挣钱,俺们心里很急。"嘴快的妹妹说。"又过了几天,俺们才接到活,因为俺们干得好,又是小孩,大人们都喜欢让俺擦。"姐姐这时说,"俺爸教了俺一个小窍门,就是在鞋油里加点醋,擦出来的皮鞋又黑又亮,像新的一样。"

她们说,这个假期她们挣了一千多块钱,交学费、买MP3的钱都有了。又来生意了,她们忙着去招呼,望着她们斜挂擦皮鞋箱的身影,大家都没有说话。

赵芳玲(化名)是豫南新蔡县人,今年11岁,秋季开学就要上六年级了。三年前,她同父母一起从老家来到郑州,父母开了一个小饭店,生意不太好,一家人过得紧巴巴的。为了让家里过上好日子,她父亲绞尽了脑汁,今年春天,有人建议他们改做盒饭,供应一些中低收入的人群。他们就在闹市区的一个小巷里,租了两间房子,开始了做盒饭的生意。由于地理位置不错,再加上他们做的盒饭好吃、便宜又干净,很快就吸引了附近的客户。

每天上午9点,赵芳玲一家都忙碌起来,母亲在洗衣、拖地后开始到厨房洗菜、切菜,父亲则帮母亲打下手。到11点后,电话便响起来,赵芳玲就接电话,记好地址,然后按照地址把父母分装好的盒饭送到需要的人们的办公室或家里。能与父母亲一起为家庭创收,赵芳玲心里很高兴。

一家人忙到下午2点才能吃午饭。下午是赵芳玲美好的时光,她做完作业后,到外边找同学玩,然后,再与父母一起准备晚上的订餐,到了夜里八九点钟,赵芳玲才忙完这一天。她家里的墙上挂满了奖状,她的父母为此十分自豪。

李飞(化名)是随父母从河南省漯河市舞阳县来郑州的。每到暑假,他都同父亲一起卖瓜。这几年不准卖瓜的运输车进城,他父亲便买了一辆人力三轮车到郑州市中牟县拉瓜,拉到郑州的一个社区里卖。小李飞斜挂着装钱的塑料包,俨然一副老板的样子。他说,卖瓜也好,可以学算账,练习数学。想起日后的日子,13岁的小李飞充满了自信。

以上就是一些新生代农民工子女的暑假生活,相信一些城里做父母的会以此教育自己的孩子。

(三)新生代农民工子女被边缘化

新生代农民工子女是城市的第二代移民,他们有的在家乡出生被父母带进了城市,有的在城市出生并继续留在城市。在现代化的城市里,在目前尚未消除的城乡壁垒下,他们的父母从事着各种又脏又苦的、城市人不愿做的工作,他们与父母一起生活在大城市的边缘,体会着户籍制度以及由此而来的身份差别、城市繁荣的诱惑和排斥。

户籍制度衍生出来的城乡人口在社会地位、经济地位、自我定位上的差别,使他们难以顺利地、没有痛苦地融入城市。自卑、自尊、反差和迷茫深深地根植在新生代农民工子女的心里。他们是文化上的混血儿,处于一种被抛弃、被隔离和被边缘化的情感状态中。

新生代农民工子女的社会融入过程也是早期社会化过程,从幼儿园到中学阶段是他们的价值观的形成时期,也是他们心理上与城市接轨的关键时期。他们与父辈一样,是户籍上的农民、"编外"的市民,这种特殊的社会和家庭背景,使他们经历着城市同龄人不曾经历过的压力和挣扎。他们在城市里度过自己的童年,寄生于非城非农两个不同的群体之中,其自我概念是矛盾的、不协调的。在他们的心中,痛苦与憧憬并存,自卑与自强同在。

新生代农民工的子女在城市里无法得到与城市学生同样的受教育的权利,其基础教育面临着边缘化。由于没有城市户口,公立学校往往要收取高额的借读费、赞助费,以致不少新生代农民工子女被拒于学校大门之外,客观上制造了城乡孩子教育上不平等。

经济因素导致新生代农民工子女的心态边缘化。城市的繁华生活与新生代农民工生活的拮据,导致他们的子女无法正常融入城市,使这些孩子的心理上形成巨大的反差。根据针对在北京读书的孩子的调查显示,72%的孩子认为没有在家读书好,他们进城后,却不能成为真正的城市人,只能在简陋的民工子弟学校读书,不能像城市的孩子一样进娱乐场所。城里的孩子对他们的欺侮,给他们的心理上造成极大的压力。一位来自豫东郸城的孩子说:"我妈妈很少给我零花钱,我也没有新文具。城里的孩子笑我家穷,还说了不少难听话,我心里难受极了,可是我不敢告诉妈妈。"

面对艰苦的生活,他们中不少人希望能通过刻苦学习,获得受高等教育的机会,希望做一个对社会有意义的人。但在调查中也发现,有不少新生代农民工子弟带有厌学情绪,来京后有明显进步的孩子仅占6.5%,有36%的孩子学习不努力,42%的孩子认为学习是件烦心的事。一个来自河南登封的孩子说:"俺也知道不好好学习对不起爸爸妈妈,可是俺真的学不进去。"

新生代农民工生活在城市边缘,遭遇种种不公和歧视,管理人员对新生代农民工辱骂、扣工资之类的事更是屡见不鲜。新生代农民工的子女与他们的父母生活在一起,耳濡目染他们父辈在城市里遭受的不平等待遇,这些都在他们幼小的心灵里留下了深刻的印象,从而产生了更多的被歧视感和被剥夺感。他们对北京的看法是"要钱、要证、赶人"。一位来自河南省平顶山农村的孩子在作文中这样写道:"我知道爸爸挣钱不容易,我更知道社会不公平。"这种处在萌芽状态的批判意识,直接出自他们实际感受的生活,比任何宣教更有力地影响着他们的头脑。

社会排斥是一种被抛弃、被隔离和被边缘化的情感体验,是一种非短暂性的、局部性的现象,是历史过程与国家发展相互推拉与强化的结果。对中国新生代农民工及其子女的社会排斥和边缘化,必将引发和加剧新的抗拒形式,引起巨大的社会风险。因而,加快从身份制向公民制的转变步伐,拆除城乡壁垒,应该是刻不容缓的。

二、漂泊在城市里的学堂

(一)农民工子弟学校的尴尬

2007年的央视春晚,北京海淀区行知实验学校的学生们走上舞台,朗读了催人泪下的《心里话》,令人百感交集。从那一张张稚嫩的脸上、一双双明亮的双眸中,我们看到了孩子们对上学的渴望,看到了他们对美好未来的憧憬和向往。

2009年4月,北京郊区的大望京村的农民工子弟学校被关闭,500多名学生被分流到其他学校,21名教师正式失业,来自河南省台前县的李丽文(化名)就是其中一位。她说,由于大望京村是北京市首批城乡一体化的试点,大量的民房要拆迁,农民工子弟学校当然也不能例外。面对这突如其来的变化,李丽文不知道她以后该怎么办,2008年她把自己的左肾移植给了患尿毒症的丈夫,把丈夫从死亡线上拉了回来。她靠每个月960元的教师工资吃饭,现在没有工作了,她非常失望。因为她知道,没有地方安排她,她不被教育主管部门认可。"实在找不到工作,就去做家教。"李丽文说。

如果说望京村的农民工子弟学校是因为建设需要而停办尚在情理之中的话,那么,其他停办的农民工子弟学校就不近情理了。北京朝阳区在审批农民工子弟学校中规定:农民工子弟学校必须要有食堂卫生许可证、房屋安全鉴定证明和区教委教育专家委员会的评估报告,要有 200 米环形跑道,开办资金不低于 150 万元。按照这一规定,许多农民工子弟学校都不达标。北京市政府曾经下文,要求对未经批准的流动人员自办学校"分流一批,规范一批,取缔一批",措施相当强硬。

北京市朝阳区的红旗小学,是豫南息县人李新(化名)创办的,这所学校专门接收新生代农民工的子弟入学。说起他的办学,李新似乎有一肚子苦水。

他说,他的父母都是教师,他曾在老家的石油公司工作。后来公司改制,他买断工龄到北京来做生意。一次无意间,他发现不少在北京做生意的河南人的孩子都无学可上,他决定与退休的父母一起办学校,他把自己多年的积蓄拿出来,在东五环外租了十几亩滩地,开始建房并招兵买马,很快就招收了一百多名学生。在收费上,他采取灵活的措施:对军、烈属,残疾人子女,特困家庭的孩子实行减免或减半。这样一来,不仅为新生代农民工们减轻了负担,也扩大了他的生源。而就在他准备再接再厉时,却三番五次地接到有关部门停办的通知,后来在河南省政府驻京办的协调下才勉强维持下来。直到 2008 年,学校才扭亏为盈。"但要收回全部投资还得三至五年。"李新说,不过看着学生能高高兴兴上更高一级的学校,"俺心里得劲"。

2008 年 11 月,郑州市各级教育主管部门开始对市区民工子弟学校进行摸底排查,绝大多数没有注册的民办中小学、幼儿园成为排查的重点对象。据有关人士说:"这些黑户学校对缓解入学压力的确有作用,但他们的教学质量甚至师生安全都无法保证,这一状况又不容乐观。"

河南省郑州市金水区的春笋学校开办 8 年来校址迁了 3 次,该区的另一所民工子弟学校陈寨小学马上也要搬迁。金水区教育体育局的负责人说,这些小学、幼儿园基本上都建在都市村庄里面,都市村庄一改造他们就要挪地方。新挪的地方往往教学条件更简陋,师资更薄弱,消防、卫生条件都不合格。春笋学校现在的校舍是一处 500 多平方米的门面房,用塑钢板隔成 10 个房间当教室,楼顶用栏杆圈起来的一片空地,就成了孩子们的操场。

"租来的场地能好到哪儿去?"春笋学校的校长一提起此事就是一脸的无奈。他对春笋学校的第一个校址仍很怀念,当时他在黄河路附近一个都市村庄里盖起了一座设施相对齐全的校舍,但随着城市改造被拆掉了。学校的老师都是他从人才市场上招聘过来的,并非都有教师资格证,但和一些学校大量招聘高中毕业生任教相比,他认为自己还算注重师资质量。这所在校生700人的学校,是金水区最大的民工子弟学校。在郑州,这类学校规模大部分为100~400人,由于要租校舍、添设备、发工资,日子普遍过得紧巴巴的。

"没有办学许可证,就没有办法引进优秀教师改善教学质量,从而形成恶性循环。"郑州大学公共管理学院一位女教授说。郑州市已经意识到对农民工子弟学校宜疏不宜堵了,这次排查可以说是一个契机,对存在严重安全隐患的学校坚决取缔,对有一定规模的学校多加引导,通过资源重组、引进师资等,帮他们尽快摘掉"黑户"帽子。

此前,郑州市中原区和二七区已经将辖区内的民工子弟学校纳入管理范围,从教学上和公办学校统一教材、进度和教研活动等,而民工子弟学校校长们则说:"我们需要的不只是名分,更是资金。"

(二)农民工子弟学校被强令停办的思考

据《新安晚报》报道,上海市普陀区有关部门强行关闭一个有两千多名学生的农民工子弟学校,其理由是:学校非法,教学水平低下。而农民工们则表示,由于无法享受城市居民得到的教育和医疗福利,他们不得不将孩子送到未经注册的学校。

这所学校已经有十多年的历史,学校的学生都是在上海建筑工地和工厂工作的外来民工的子女。学校在被关前没有得到通知,而且在冲突中警察殴打了一名教师和一名记者。"这所学校的地皮可能用于商业开发"这个消息深深地刺痛人们已经麻痹了的神经。偌大的上海城,居然安不下新生代农民工孩子们的小小书桌!新生代农民工子女的受教育权,这一最底线的公民基本权利,却在动辄被取缔的危机中飘摇不定。在这场充满暴力的冲突中,人们再一次看到了农民工子弟所享有的受教育权在当下的环境中的尴尬生存现状。

这是一场暴力十足的野蛮冲突。可以想象,那混乱的场面,将给孩子们的心灵留下难以磨灭的印记。而学生家长、学校老师以及被强行塞进汽车里的孩子们的反抗,在公权面前,却显得如此屡弱与渺小。这是一所有着两千多名学生的学校,这是一所由中国教育家协会评为"优秀教育家"创办的学校。然而,所有这些光环与这所学校的遭遇对此却折射出一种制度性的歧视所带来的不公正、不平等的强大破坏力,也显现出弱势群体力量的弱小。

这所学校的遭遇,几乎是所有农民工子弟学校的遭遇。民情几乎一夜之间一边倒向公权的对立面,站到了学校和家长这一边,因为政府强制关

闭学校,就意味着这两千多名学生的上学成了问题,他们或将就此失学。农民工子弟学校的存在,既合情又合理,也是现实之需。但是,这种合情合理却可以被政府想当然地以不符合安全标准而定性为非法而予以"取缔"。这一方面使农民工子女的受教育权成为不确定因素,另一方面又进一步加剧了不平等的社会歧视。显而易见的是,这种貌似"合法"的取缔,不能带来社会和谐与公平。

塞缪尔·亨廷顿在《失衡的承诺》中说:要么穷人和富人为争取更多的馅饼而斗争,要么各集团围绕着馅饼而争吵,要么和气地分享馅饼。农民工子弟学校以及农民工子女的教育权,再也不能在这样的制度形态中扭来扭去了。要么让新生代农民工子女进公办学校就读,要么让农民工子弟学校以合法的身份让农民工的子女们自由地选择学校,万不可围绕着一块"馅饼"而动武。让农民工的子女无学可上,才是我们社会的最大悲哀。

著名教育家陶行知曾说过,死的教育,我们就索性把它埋下去,没有指望了!不死不活的教育,我们希望它渐渐地趋于活。活的教育,我们希望它更活。农民工子弟学校从它诞生的那一天起,就以其旺盛的生命力倔强地生存着。评价它存在的前提应该抛弃"官本位"的色彩,从制度性的矛盾、城乡关系动态变化为出发点,从"合法、合理、合情"的角度来判断。

首先,农民工子弟学校具有合法性。《中华人民共和国宪法》中规定,公民享有受教育权。尽管农民工子弟学校存在所谓安全问题、管理问题和师资问题等,但这些学校没有获得政府的资金支持,招收的对象为社会上最弱势的群体,客观上弥补了政府在全民九年制义务教育的不足,深受广大新生代农民工的欢迎。政府的责任,是如何赋予农民工子弟学校相应的权利和义务,约束其市场行为中过度的利益追求,使其能将利润部分用于扩大自己学校的设施投入,成为市场的法人主体,克服短期行为,而不能简单地予以"取缔"了事。

其次,农民工子弟学校具有合理性。由于户籍因素的限制,新生代农民工的子女不能享受义务教育带来的好处,这对他们来说,是非常无奈的。新生代农民工子女的学习环境是以家乡的水平为参照系的。农民工子弟学校招收的基本上是农民工子弟,不存在不平等的心理压力,这对于他们的心灵十分有益。

再次,合情评判体现为一种道德和良知。从人的心理感受和新生代农民工的处境出发,每一个有良知的中国人都不能眼睁睁地看着孩子失学。合情评判能把人们从过于功利化的利益考量中拉到现实中来,把剥夺别人的权利当做手段,也就意味着"只为君王唱赞歌,不为苍生说人话"。合情评判是要克服理性的偏执与狂妄,把利益作为唯一标准给彻底否定,重新呼唤一种为平民服务的良知。

李素梅是河南息县临河乡人。1980年,她高考落榜后当上了一名民办教师。那时,她一个人负责三个年级的语文和数学课,每周上要30节课,另外还兼任班主任。她像头老黄牛一样,一干就是十年。十年间,她的工资由每月30元涨到69元,但手里还有不少的白条没有兑现。

李素梅七个同胞姊妹都在北京做生意,哪个姐妹一天下来都不止挣69元。渐渐地,在家文化水平最高的她成了姐妹中最穷的人。大姐看不下去了,打电话叫她到北京来。犹豫了几个月后,她一咬牙含泪告别了她站了十年的讲台,登上了去北京的火车。

在北京,她先被五妹抢去,帮五妹在五棵松河边卖儿童服装、鞋袜。她毕竟是全家文化水平最高的人,很快就学会了讨价还价,一个月就"出师"了。姐妹们便帮她集资,租了一个摊位自己干。她的心情也好极了,北京真大,北京真漂亮,北京人真有钱,北京也有自己拓展的巨大空间。

一天晚上,她的姐妹们团聚,大人们喝酒,小孩们在院子里跳皮筋。李素梅点了点数,九个孩子。说到孩子,大家都没有了笑声。过了一会儿,大姐说:"唉,俺的毛毛都9岁了,要在老家,早就该上三年级了。"话又扯到小孩在北京的难处,四妹建议道:"二姐教咱们的九个孩子吧。"刚刚步入新生活的李素梅坚决不同意。后来,大姐发话了:"再穷也不能穷孩子,二妹教孩子吧,钱俺几个给你拿!"

第二天,姐妹几个连同她们的夫婿十几个棒劳力一起动手,一个十几平方的窝棚在一片废弃的菜地里搭好了。又过了几天,窝棚里传来了孩子的读书声。这天,是1994年9月1日。姐妹们给她发的工资相当于她在家乡当教师工资的十几倍。

学校没有名字,姐妹们叫它"窝棚学校"。"窝棚学校"传出读书声,成了北京这个现代化城市边缘的一大奇观。国庆节刚过,在朝阳区团结湖卖菜的表姐带着孩子赶来了,对她说:"素梅啊,你可做了件大好事,俺把俺的狗子交给你了,他都8岁了,连名字都不会写。"望着表姐的神情,她无法拒绝。隔了几天,堂哥也把孩子送来了,话说得更牛:不收也得收。

到1994年底,"窝棚学校"有20名学生;1995年春,"窝棚学校"有31名学生;1995年9月,"窝棚学校"有59个学生。李素梅把学生分成三个班,以"复式"班的形式同在一个窝棚里上课。李素梅感到有些力不从心,急忙打电报给仍在老家的粮管所上班的丈夫易本耀,请易本耀来帮忙办学。易本耀便向单位请了长假,来到北京。

1996年春,"窝棚学校"已有165名学生,窝棚也由一个变成了三个。1997年春,"窝棚学校"已有262名学生,分散在6个窝棚里上课。从此,学校也由"夫妻店"扩到拥有8位教师的学校,李素梅管教学,易本耀管后勤,同时兼教思想品德和体育课。曾当过装甲兵的易本耀领着只到自己大腿高的孩子上体育课,"就像大象带着小兔子过家家",易本耀说。

国务院发展研究中心基础教育司的一位姓赵的司长在买菜的时候听说了这所"学校",赶忙找到这个地方。看到了这所"学校",赵司长的心里很凄楚。两天后,赵司长在接受北京电视台的采访时,着重提及易本耀、李素梅夫妇的打工子弟学校。从此,这么一个"窝棚学校"成了一个太阳一般热度的新闻热点。两个月内,陆续光顾的媒体不下百家。北京电视台以《我也要上学》为题,对"窝棚学校"进行了详细的报道。几个月后,专门针对华侨发行的华声日报社社长黄东升,对该报道进行了专访。此后,这所打工子弟学校的大名随之传到了海外。

然而,由于农民工多租住在城乡结合部,打工子弟学校也只能选在城市的边缘。而在这些地方,随着北京城市改造和周边城市化进程的加快,学校也不得不从一个拆迁区迁往下一个拆迁区。1997年4月21日,五棵松菜地旁的窝棚被一拆而光,站在校舍的废墟上,李素梅和学生们失声痛哭。从此,他们便开始了频繁的南移北迁。仅1997年一年,李素梅的小本上就清楚地记着数次搬迁:4月22日,向西搬到甄家坟;4月28日,向南迁至沙窝村;5月5日,向北迁到彰化村;7月2日,向南迁到凌云公司出租房;8月22日,向西迁到五路居48号后院⋯⋯

"1997年搬到沙窝村的时候,好多学生家长用自己卖菜的三轮车帮我们搬课桌椅,白天交警不让走,只能夜里运。260多名学生排队去新学校,走了一个多小时。到了新地方,警察就来了,说是非法办学,撵我们走。被赶出来的学生,由老师领着,在木器厂门口的马路边、大树下继续上课。说实话,每搬一次家,我们就等于脱一层皮,搬家都搬怕了。有一次,我实在受不了了,就对本耀说,这学咱不办了。"说起搬家的经历,李素梅眼角含着泪。

2005年3月,他们的学校办学得到了批准,他们的学校也终于有了自己的名字:北京海淀区行知实验学校。办学十多年来,易本耀、李素梅夫妇一直在玩"猫和老鼠"的游戏。这一下,他们感觉好多了。如今,学校已发展到有近两百名教师、三千多名学生的规模。

(三) 他们在沉重中艰难前行

与众多农民工学校校长相比,易本耀无疑算是幸运的。因为,许多在北京创办民工子弟学校的校长们,仍在沉重中艰难前行。

据北京市统计局最新监测结果显示,北京市的外来人口总量已突破了500万,一半以上外来人口都在北京居住了一年以上。随着外来务工人员和他们的子女在城市里扎根,孩子们的求学需求日益迫切。民办的农民工子弟学校,在北京已有四百多家,大约十万农民工子女,在异地的天空下艰难求学。

每隔三十多分钟,繁忙的京广线上就有一辆列车呼啸而过,巨大的声浪把路基两旁的衰草吹得七倒八歪。路基南面三十多米,就是民办的北京市石景山区的黄庄小学。这里有一千多名新生代农民工的子弟,在这轰隆隆的声响中度过每一天的学习时光。"高峰的时候,几分钟就过一趟火车,过火车的时候啥都听不见……"来自偃师的教师侯玲(化名)说:"等过了火车后再接着讲,农民工子弟学校大多都是这样。"

条件简陋、环境恶劣,是许多农民工子弟学校面临的共同问题。我们走访了几所农民工子弟学校,条件大多都不好,有的二十多平方米的教室里,挤着五十多个学生。还有的学校建在垃圾堆或工地旁,卫生隐患及噪声问题大。在北京西五环边的衙门口村,我们七拐八绕才找到树人学校的第三分部。这时,正逢午餐时间,尘土飞扬的操场上,学生们手拿饭盒排起长队,一个接一个地走到食堂露天窗口,从窗口伸出的大勺把米饭和菜扣在孩子们的饭盒里。再到教室里看,灰暗的墙壁上脏迹斑斑,破旧的桌椅既不配套也不协调,有的窗玻璃还破了几个洞。

走访中发现,在许多农民工子弟学校,老师上课就靠一支粉笔和一块黑板。学生的活动场地也很少或者根本没有,缺少基本的实验仪器,更没有体育、美术、音乐课的器材、教具,即使有,也因为没有场地而被束之高阁。一些在这里任教的老师忧心忡忡:这样的办学条件,咋能保证教学质量?校舍里没有消防设施,万一发生了灾难,想救也来不及!

就这样的局面也难以维持,一位在北京市丰台区办学的河南籍校长想到前一段大规模清理民工子弟学校的情景,现在还心有余悸。他说:"俺办的学校曾经一个月被查封三次,教室的门被锁住,通往教学区的路被堵死。因为没有名分,我们不能给学生办学生证、发毕业证。"他告诉我们:"摆在我们面前的最大困难是'非法办学'这个帽子,有了批文,我们才敢甩开膀子大干一场。现在这种情况,想拉人投资也难啊!"

"我们远离自己的家乡,我们也有自己的**梦想**,我们同样渴望知识的海洋和明媚的阳光……"上课的铃声未响,一群孩子在一间阴冷、充满霉味的教室里唱着歌。

"我们越是遭别人白眼,越是见多了坑蒙拐骗,就越觉得没有文化不行。"来北京打工已经八年的河南省淇县人张某说:"就是砸锅卖铁也要供应孩子上学!"

在北京,外来打工的农民供孩子上学实在不易。来自河南省开封市的张平(化名)靠着丈夫当卡车司机每月挣的1500块钱给孩子找学校,找了七个公立学校都被拒之门外,无奈之下,她不得不把孩子送到条件简陋的农民工子弟学校。

因为拆迁,成立已经三年的北京智泉学校洼里总校被迫关闭,中滩分校承担了全部的七百多人的教学任务。校长说:"我们没有名分,属于非法办学,真渴望能得到政府的认可,让漂泊的课桌安定下来。"有关教育专家忧心忡忡地指出:大量农民工进城后,给社会创造了大量的财富,他们的下一代没有理由被排除在义务教育之外,谁也没有理由让他们成为新文盲!

值得欣慰的是,农民工子弟入学难问题已经引起了社会的广泛关注,许多学者也纷纷献计献言。社会学学者徐鲁平提出,打工子弟学校的出现,实际上与现有的城乡二元结构体制有关。随着政策的松动,农民工子女在城市接受教育将成为可能。经济学者汪丁丁也指出,打工子弟学校具有天然的道德合法性。

新生代农民工子女就学问题是一个复杂长期的社会问题。对此,人们没有理由袖手旁观,也不能等待,因为孩子会在等待中蹉跎求学岁月,这不仅是他们一生中的遗憾和悲剧,也是全民教育的一个失败。人们有理由相信,飘飞的蒲公英也应该有春天。而蒲公英的绽放,将使春意格外盎然。

三、谁来照看"留守娃"

(一)留守儿童的教育状况

有这样一群孩子,他们还嗷嗷待哺时,父母就远离家乡,到遥远的城市里谋生糊口。很多的时候,他们只能从电话中或者偶尔寄来的汇款单上才感觉到父母的存在。当别人的孩子都在享受花样年华的时候,他们被留在乡下,孤独地像荒草一样生长,人们给这群孩子起了一个酸楚的名字:留守儿童。

能够跟随打工的父母到城市去上学的农村少年儿童仅占一小部分,多数少年儿童则被留在家乡,这是一个相当庞大的群体,也是个特殊的群体。

这些孩子或者与爷爷、奶奶、姥爷、姥姥生活在一起,或者与亲戚、邻居、父辈的朋友生活在一起,也有个别的自己独立生活。被带到城市的少年儿童与留守在家乡的少年儿童的比例为35:65。相比之下,这部分留守儿童是个更加弱势的群体,无论是从生活状态看,还是从心理状态看,他们都在经历着冲突、一种双重的冲突。他们更值得关注。

在被访谈的280个农村留守少年儿童中,家庭有2个子女的占60%,另有40%的家庭有3个及其以上的孩子,最多的有5个。在这280个农村留守少年儿童中,男性110人,女性170人,男女性别比约为39:61。他们的父母具有重男轻女的倾向,在决定哪个孩子留在老家时,他们更倾向于把女孩子留在老家,而把男孩带到城市来。而事实上,在目前农村孩子中,男女儿童的性别比已经高达100:135。

从农村留守少年儿童的年龄分布上看,他们的平均年龄为12岁,其中女孩的平均年龄12.6岁,男孩子的平均年龄为11.2岁;从教育分布上看,6～15岁义务教育阶段的留守少年儿童占总留守少年儿童的总数的90%以上,个别或很少一部分在职业高中或普通高中读书。

从农村留守少年儿童的父母在外打工的时间上看,他们的平均留守时间为5.5年。一般是父亲先出去打工,当父亲需要帮手时,再把母亲带出去,待站稳脚跟后,便把最年幼的孩子(大都是男孩)带出去。现在极少有将婴儿留守在家里的。

农村留守少年儿童由于长时间没有同父母一起生活,缺少父母的关爱、引导和教育,形成了性格孤僻、社会逆反、自闭自卑和空虚胆怯的心理,孤独、敏感、焦虑、急躁、任性、脆弱等消极情绪也困绕着他们。因而他们在生活中表现出不会与人相处、任性、暴力、逃学、早恋等状况。他们的学习成绩也普遍不好。究其原因,有以下三点:

一、家庭教育的不完整和弱化。留守的少年儿童往往和爷爷、奶奶、外公、外婆或其他亲戚生活在一起,形成了"隔代教育"或"放养教育"。"隔代教育"造成很多的教育缺陷,由于老人们的文化水平普遍较低,精力有限,往往缺少正确、有效的方法,他们溺爱孩子,无法同孩子进行沟通。"放养教育"则是将孩子寄养在亲戚家里,由于亲戚间存在着教育的顾虑,只是让孩子冻不着、饿不着,管理好孩子的生活,而不注重管理孩子的思想与学习,造成了留守儿童的放任自流。

二、学校对留守少年儿童的方法和措施有待提高。学校的教育者在留守少年儿童的学习和生活上,扮演着举足轻重的角色。近些年来,他们在控制辍学率上发挥了重要的作用,但在综合教育方面,仍然缺乏系统性的

措施,在针对留守少年儿童的特点开展教育方面,还存在着明显的不足。

许多学校忽视对留守少年儿童的特殊心理研究,把大量的工作压到班主任身上。而班主任往往采取头疼医头、脚疼医脚的方式,很少能有预案防范他们可能出现的心理健康问题,如对学生的逃学和上网成瘾、打架等事情,班主任一般把他们看成顽皮、自律能力弱等,很少从儿童心理角度去考虑为什么会发生这样行为,仅仅是粗暴地或者简单地对他们指责,使他们无法从心理上认识自己的行为。

三、社会的不良影响巨大。一是农村迷信赌博风的影响。现在许多农村的休闲活动就是打牌、打麻将。由于没有父母的监督或是留守家庭监护上的不足,许多孩子也时常到牌桌上转转。耳濡目染,一些学生也学会了赌博。久而久之,他们无心学习,也沉溺在牌桌上。二是网吧的影响。随着现代社会的发展,各种娱乐场所也逐渐增多,特别是网吧在农村非常普及,使得不少留守少年儿童沉溺其中不能自拔。据调查,现在有60%以上的学生不愿意读书,却喜欢泡在网吧里,乡村网吧的客源80%以上都是那些本应该在学校里读书的中小学生。这些网吧,大都开在离学校不远的地方,这就造成孩子们上网成瘾,无心上学。三是社会偏见的影响。由于留守家庭的特殊性,留守的少年儿童们具有特殊性,他们往往会遭到一些不公正的待遇,有人认为他们缺少教养,从而受到同龄孩子的恶意歧视、教师的冷漠等。这些社会偏见在一定程度上直接影响他们身心的健康成长。调查中发现,有60%以上的留守少年儿童是随着他们的祖父母、外祖父母一起生活的,由于老人们有大量繁重的劳务,同时又存在着代沟,所以留守儿童有了感情方面的问题却很难找到倾诉的对象,于是便向社会上寻求某些刺激,这样一来,便引发了留守少年儿童的种种问题。

(二)留守儿童的心愿

2009年5月至7月,共青团河南省委对新生代农民工的生存状况进行了综合调研,农村留守儿童课题组在信阳、漯河等地以《心愿》为题,请部分留守儿童写一篇500字左右的文章,他们踊跃地参加了这一活动,这里撷取了用书信体写的文章。

淮滨后县地处淮河中下游、豫皖两省交界处,南望大别山,北接黄淮大平原,境内河渠纵横,塘堰密布,洪河、闾河、白露河四面环绕,淮河干流横贯其中,素有"淮上江南"的美称。淮滨县是河南省为数不多的河运能直航上海的县份之一。生长在谷堆乡的谷玲玲(化名)的父母都是船工,他们几家凑份子造了一艘300吨的驳船,一直在上海、蚌埠之间做运输,父母一年

也难得回来两趟。谷玲玲在作文中这样写道:

> 亲爱的爸爸妈妈:我想对你们说,请你们不要总在上海,也要常回来看看我和弟弟。你们总会说:"来回一趟,不要钱吗?我们挣钱很不容易。要供你们吃,还要供你们上学。"是的,爸爸妈妈为我们付出了心血,我们才能吃穿不愁,也住上了好房子,可是,每当我走在路上,看见别的孩子和他们的爸爸妈妈一起亲密无间,我好羡慕,好嫉妒,我多想把人家的爸爸妈妈抢回来呀!可是我只能想,不敢做,我怕人家说我是神经病。我只能跑回家里,在自己的床上趴着哭。我控制不住自己的感情,哭着哭着声音就大了起来。奶奶听到后,就把我抱在怀里,问我什么事,我忍不住就问她:"爸爸妈妈什么时候能回来?"奶奶总是说:"很快,很快,你的爸爸妈妈就回来了,只要你不哭,他们很快就回来了。"在奶奶的抚慰下,我不再哭了,甜甜地在奶奶的怀抱里进入了梦乡。我现在想,我一直是10岁前多美好,那时我想你们时可以哭。今年我13岁了,想你们想哭都不敢哭,我怕别人笑话我,我只能把对你们的思念埋藏在心底,咽在肚子里。爸爸妈妈,你听到我的心愿了吗?我非常希望你们早些回来,牵着我和弟弟的手,咱们全家一起赶集、逛街,我和弟弟别提会有多高兴!快回来吧,亲爱的爸爸妈妈!

舞阳位于河南省中部,历史悠久,文化源远流长。早在8000年以前,先民们就在这块土地上繁衍耕作,创造了璀璨辉煌的文化。境内的贾湖文化遗址有许多震惊世界的重大发现:出土的骨笛已具备七音节结构,可以吹奏完整的乐曲,把人类的音乐史向前推进了3000年,是目前世界上发现最早的乐器;这里出土的甲骨契刻符号比安阳殷墟甲骨文早4000年,比世界最早的古埃及纸草文字早1000多年,是世界最早的文字雏形。在这里的遗址上,还发现了一些实物材料,证明我们祖先早在八九千年前就会酿酒,而且是世界上最古老的"酒"。因此,可以说贾湖文化遗址是中华民族历史长河中第一个确定日期的文化遗存地,是"人类从蒙昧走向文明的第一道门槛",是"人类文明的第一缕曙光"。

距贾湖文化遗址西北1.5公里的北舞渡镇,是贾英、贾莲(均化名)兄妹生长的地方。他们的父母每年年初就外出卖胡辣汤,到年终才能回家,他们一家一年里仅仅能团聚一个星期。那天,在贾湖边,在贾英的笛声中,贾莲用她稚嫩的童声朗诵道:

我们的爸妈,为了生计
去了遥远的城市里
把我们托付给了爷爷奶奶
外婆、姑妈或阿姨
于是,人们把我们叫做——
留守儿童。
我们只能待在乡村里
目睹爸妈上车的背影
我们的泪流下一滴又一滴
我们头上的天空,不再是那么蔚蓝
我们眼前的风景,不再是那么美丽
我们耳畔的歌声,不再是那么悦耳
我们童年的生活,不再是那么甜蜜
没有爸妈的夜晚,我们的心里很孤寂
我们的委屈,跟谁诉说
我们的心事,向谁提起
我们的欢乐,与谁分享
我们的迷惑,谁来解疑
虽然长辈们都很疼我们啊
每当看见学校里的伙伴,依偎在妈妈的怀抱里
让爸爸牵着手,跟爸妈一起散步、嬉戏
我们羡慕地望着他们时,心里十分妒忌
晚上,爷爷、奶奶拍着我们进入梦乡
梦中,我们才和爸妈站在一起
亲爱的爸爸妈妈,你们不要再撇下我们呀
我们不愿意一年又一年长久地分离

一位家住罗山县铁铺乡的留守少年在作文中写道:

每当我从邮局里取回父亲寄来的钱时,我脑海里就会浮现爸爸您在烈日炎炎的环境中汗流浃背地工作的情景,我的泪水不禁夺眶而出,同时我又会在心里默默地问自己:"我上个月努力学习了吗?我对得起这血汗钱吗?"每当我看着人家的孩子高高兴兴地与父母在一起时,我就立即想起我那在遥远的地方受苦受累的父亲。爸爸,为了您

>我一定好好学习,长大做大事、挣大钱,好好赡养您、报答您!

一位来自信阳市浉河区的留守女孩这样写道:

>每当到了中秋节时,我好想和爸妈一起欣赏月色,品尝月饼啊!可是,你们不在我和弟弟身边,你们为了我们在外地拼命打工挣钱。现在,弟弟已经睡着了,只有你们的女儿一个人在孤零零地欣赏着月色,品尝着月饼。尽管月光是迷人的,月饼是香甜的,可是女儿觉得,月光是那样的模糊,月饼是那样的苦涩!

笔者的心灵被孩子发自内心的呐喊震撼着,握笔的手颤抖着,眼睛里涩涩的,泪水在打转。十来岁的孩子,他们正是需要和依赖关爱的时候,他们的人生需要父母指路,他们的思想道德需要父母雕凿,他们的行为习惯需要父母匡正,他们的个人生活需要父母照顾。而在这重要的时期,他们的父母为了生活、为了事业、为了奉献、为了养育孩子而背井离乡,这是何等的凄苦啊!因而,全社会应该为新生代农民工、为留守的少年儿童们伸出援助之手。

(三) 留守儿童问题多多

在针对留守儿童的调查中发现,数以千万计的农村留守儿童普遍处于"三缺"状态,即"生活上缺人照应,行为缺人管教,学习上缺人辅导",由此带来的心理冲突以及一系列的社会问题,同样需要社会关注。

在北京市朝阳区的汽配城,一位来自豫南固始县的新生代农民工讲述了他们女儿成为"小霸王花"的过程。他说,他们夫妻五年前来北京打工,临走时女儿只有4岁,留给了在家的奶奶抚养。因为大人们都觉得亏着她,大小事都顺着她,她因此很骄傲,经常与同学打架。老师批评她,她不仅骂老师,还向老师吐口水。老师到家里家访,心疼孙女的奶奶还劝老师,让老师多迁就她,气得老师没说几句话就走了。现在他们真后悔,打工挣钱是为了给孩子提供更好的教育条件,没想到反而误了孩子!

同样在北京市朝阳区汽配城工作的白战国(化名)夫妇,均来自河南省光山县白雀园镇。白战国给我们讲了一个沉重的故事:他有两个老乡在北京当拆房民工,他们的几个孩子留在家里交给老人看管。2009年夏天家乡的白露河涨水,有个孩子掉到河里淹死了。爷爷因为思孙过度,加上觉得对不起儿子,精神失常,天天在白露河边哭号找孙子。

河南省商水县邓城镇的卤猪蹄很有名,邓城镇的邓法中(化名)老人今年66岁,他们儿子在郑州开了个卤猪蹄店。2009年3月,老人的老伴死了,他感到非常悲伤与孤独,就叫已在上六年级的孙子天天陪着他。孙子的老师到家里劝老人让孙子上学,不料老人却说:"上恁多学有啥用?会算账就行了,我儿子在郑州开饭店,不也照样赚钱吗?"

国际基础教育界有一句名言:"一个母亲,能胜过100个老师;一个父亲,能胜过100个校长。"有关专家呼吁,决不能让新生代农民工群体出现"富了一代人,垮了下一代"的现象!这声音发聋振聩。在调查中发现,由于缺少父母的教养,不少留守孩子成了悲剧的代名词。

河南省淅川县的孙鹏(化名)夫妇这八年来一直在广东打工,由八十多岁的奶奶照顾他们的两个女儿。六年前,姐姐孙晓婷因蜡烛火灾烧坏了双腿成了残疾人;两年前妹妹在帮奶奶烧水时双手被严重烫伤后发炎截肢不能拿笔,这两个孩子现在很少出门,更谈不上去上学了。

河南省卢氏县的徐万立(化名)夫妇在上海打工,他们11岁和8岁的两个女儿小洁、小芳在家交由奶奶抚养,由于村里小卖部的老板娘诬陷她俩偷钱,她们在诉说无果的情况,双双写了遗书投河自尽,后来被人救出才使悲剧未能发生。在遗书里,她们流露了对父母不在身边的绝望,觉得奶奶不能为其伸冤做主,才想以死来表示自己的清白。徐万立夫妇赶回来后,再也不去闯上海滩了。

在访谈调查中还发现,留守儿童问题还表现在:一、人格发展不健全。有19%的孩子不与同学或监护人谈心,有46%的孩子偶尔同别人谈心。他们在面对突如其来的打击时,往往不能正确面对,有的甚至选择轻生。二、学习成绩普遍欠佳。有48%的孩子作业不能按时完成,有68%的孩子由于父母外出而学习下降,一部分学生接受新的"读书无用论"的影响,经常逃学,甚至辍学。三、道德危机凸现。有35%的孩子平时有说谎的习惯,有14%的孩子偷过东西,有17%的孩子有过破坏公物的行为。四、违纪违规现象多。留守孩子待人处事具有盲目性、随意性和冲动性,有22%的孩子沉溺于打游戏,有32%的孩子有过打架斗殴的经历,他们对待老师的批评教育,往往采取抵制的态度。有关专家认为,对少年儿童的教育,父母、老师和社会三方需共同努力,缺一不可。

第六章
满腔的情愫向谁说

一、寂寞笼罩着新生代农民工

(一) 日复一日的单调生活

奉献着自己的辛劳和智慧的新生代农民工们,尽管生活在城市里,却很难融入城市,无缘分享城市的现代生活和欢欣。许许多多的新生代农民工过着孤岛式、边缘化的生活,日复一日,年复一年。枯燥无味的业余生活,使他们对城市缺乏认同感。在构建和谐社会的背景下,这种状况值得关注。

小刘是来自豫南商城县的新生代农民工,今年26岁,已有在北京8年的打工历史。很多人都知道,商城县是全国著名的民歌之乡。在北京的一个建筑工地上的小刘,却没有唱民歌的兴趣,他对笔者说:"他早上5点起床,先洗脸刷牙,吃完早饭后上班;中午连吃饭休息2个小时,然后干活;晚上7点下班吃饭,聊聊天,打打牌;9点左右上床睡觉。"

小刘和他们三十多个老乡都住在工地的宿舍,宿舍是临时搭建的低矮的工房,四面用砖砌成,屋顶用石棉瓦搭盖的,冬冷夏热。小刘介绍说,工地上每个月只给100元的零用钱,他们得十分节省才能用到月末。小刘说,现在看一场电影就需要几十块,还要来回坐车花钱,他们消费不起。

实在无聊时,小刘也会与工友们消遣一下:有时下班后与工友买点小菜,几瓶啤酒,到小吃摊上听人家唱卡拉OK,有时到路边的小酒店里蹭着看电视。这就是他们的高档消费了,并且只能偶而为之。"因为第二天要早上工,大家都不愿意在外边呆的太长。"小刘说:"俺们还会隔三差五买张报纸,大家轮流看,有时候一个内容大家会讨论好几天。"

其他工友的业余生活大多也是这么过的。小刘说:"吃饭、干活、睡觉,就是俺们的全部生活,下班后大家感到十分苦闷无聊。"共青团河南省委在北京对18~35岁的豫籍新生代农民工进行了"幸福感"方面的问卷,结果表明,在600个新生代农民工中,感到"寂寞孤独"占90%,"提心吊胆,担心受到不公正侵害"的占40%,"为感情困绕无法排解"的占80%。

河南省公安专科学校副校长师维是研究青少年犯罪的专家,他说:"新生代农民工除了干活主要是吃饭睡觉的刻板生活,对他们的身心健康有相当大的影响,在孤独无聊的生活环境中,相当一部分新生代农民工采取了消极的生活方式,将自己封闭起来,长此以往,生理和心理会形成变态,一旦遇到刺激,随时就有可能发生恶性事件。"

在河南省会郑州,笔者走访了三四个建筑工地,发现新生代农民工们大都蜗居在狭小的工棚里。访谈中得知,他们的业余生活也是聊天、打扑克、睡觉。来自河南省襄县的新生代农民工小高说:"不睡觉干啥,一天干十几个小时,累得浑身散架。聊天?常聊也没有意思。俺们经常坐在床上大眼瞪小眼,有时靠想老婆打发时间。"说到这里,26岁的小张的脸上还似乎显出不好意思的神情。

在郑州经济开发区的一个工地,笔者一连看过三个新生代农民工的宿舍,没有一间屋子里有电视机,在密集的铁制上下床上,好不容易看到几本花花绿绿的盗版杂志,还被人用烟头烧了几个小洞。"没办法,看看这些破杂志也很过瘾。"来自河南省平舆县的新生代农民工小陈说:"在地摊上很便宜,五块钱三本。我买回来还没有看完,就被他们烧成这样。"

在郑州新区东风东路的一个建筑工地上,笔者欣喜地发现了娱乐室和阅览室。不过,据来自河南商丘的新生代农民工李闯(化名)说:"这是摆着做样子的,阅览室不开门,娱乐室是老板和工头们的专利,俺们不能用。"在访谈的十几个新生代农民工中,他们在郑州没有看过一场电影,更没有到图书馆看过一本书。他们只能到城市的广场、公园溜达,远远地看市民们跳舞,远远地充当繁华城市的看客。

郑州大学一位研究社会学的教授建议:解决新生代农民工精神生活贫困问题,最重要的还是制度保障,有关部门应采取措施,从保护职工利益和提高劳动效率的需要,为新生代农民工提供娱乐设施,比如,工地多大规模、有多少新生代农民工就配备多少图书报纸等。有明确规定,就可尽量丰富新生代农民工的业余生活。

值得欣慰的是,郑州市惠济区举行了"农民工免费景点旅游"揭牌仪式,为200位新生代农民工代表发了证,凭着这个证,他们可以免费浏览惠济区的八个自然人文景区。来自河南淮阳的新生代农民工王某说:"这下好了,闲时俺可以不在工棚里窝着打牌了……"

（二）生存边缘化的女性新生代农民工

相对于庞大的的新生代农民工队伍来说，女性新生代农民工是极易被忽视的群体，但在城市的各个角落，却时时能看到她们的身影。低下的社会地位、柔弱的天性，使她们像浮萍一样在城市里飘泊。如果说男性新生代农民工还能通过一些较激烈的行为来维护自己权益的话，那么女性新生代农民工却只能采取忍耐的方式，直至忍不住而最后崩溃。她们被专家们称为"弱势中的弱势"。

据全国维护妇女儿童合法权益协调组发布的全国农村妇女权益状况和维权报告显示：女性新生代农民工权益受侵害的情况相当严重，甚至不如生活在农村的妇女。

女性新生代农民工权益比不上农村妇女，这样的结论里蕴藏的悲哀，大概只有那些女性新生代农民工知道。一个女人背井离乡，寄人篱下，目的无非是想凭借自己的劳动，谋得好一点的生活。然而，其结果反倒不如自己的乡下生活。这种飞蛾扑火的悲哀，不应该在如今社会里发生。

笔者在网上看到几句女新生代农民工写的词："一别家小随夫步，晚披星月，晨踏朝露。浑身泥水发蓬垢，三餐粗饭棚居住。镜中衰容，向谁倾诉？"后来笔者得知，作者就在河南省会郑州的建筑工地务工。

在知情人的帮忙下，笔者找到了她。她正在与几个头戴安全帽的女民工一起热火朝天地工作着：凿地、搬运钢管、打模、运砌块、和泥、提灰桶……尽管她们都是女性，但看起来比男人们毫不逊色。

她说，她叫魏娜（化名），网名叫"伟娜耶娃"。她中专毕业时学的是建筑，因为没有拿监理证，就先在工地上干活，虽然累，但可以掌握第一手资料，为未来做准备。她还说，因为经济危机，老板资金紧张，都几个月没有发工资了，她上的夜大因为交不起学费不得不停学。"都毕业三年了，不好意思再找家里要钱。"她说，她今年都25了，谈了一次恋爱又吹了，那人嫌她是农村人，干的是建筑活。

"干建筑咋的？我非要在建筑行业干出个样，将来当个大老板，气死那个城里的王八蛋。"魏娜气愤地说。望着她修长而健壮的身姿、美丽而黝黑的脸庞，笔者在心底为她祝福。

26岁的刘绍芳（化名）来自河南孟津。她到郑州已经八年了，这八年间，她打工涉及的行业包括服装、玩具、餐饮、娱乐等。只要是适合女性的工作，她几乎都干过。在这个对于她来说陌生而熟悉的城市里，她也像浮萍一样，在人海中飘浮着。"这些年一直想找男朋友，但不敢，我这个身份，下不了决心。"她说，在她的生活中，也出现过中意的男人，但她的绣球一直不敢抛出。

　　刘绍芳对爱情的热情,在年轻的女性新生代农民工这个群体中非常普遍。据了解,在河南省外出打工的女性农民工中,18~26岁的青年占很大一部分,她们正处在婚恋的黄金时期。但是,常年的漂泊,使她们在直面这个问题时,总是缺少底气。

　　"现在打工在外,成家是一种负担!"两年前就和新婚不久的丈夫一块来郑州打工的河南省宜阳县的女青年杨林(化名)说:"她和丈夫一个在郑州东郊,一个在郑州西郊打工,两年在一起的时间加起来还不到一个月。说实话,这两年我最怕天黑……""就是偷空做一次,也像做贼一样。在便宜的旅馆里,还怕人家查。"现在,她与丈夫的交流,仅靠电话。

　　女性农民工城市生活边缘化问题,正客观存在着。随着中国社会的发展,这个问题还会存在相当长的时期。因此,及早关注这个问题是维护社会和谐的文明之举。

(三)新生代农民工寂寞的夜生活

　　有两部电视剧,一部叫《民工》,另一部叫《生存之民》,看了令人心酸。在《民工》中,有一个细节,小伙子鞠双元在工地上吃饭时,没有准备大搪瓷碗,用的是一次性的小饭盒,食堂的规定每一餐只能打一次饭,鞠双元显然没有饱,放下碗后,他意犹未尽地说:"我还可以吃四碗。"那天,看电视剧的笔者与几个朋友,听到这句台词后,眼睛不禁湿润起来。

　　现在,有良知的中国人,都在关注着新生代农民工,关心他们的生活环境、工作环境和社会保障等。但人们对其精神生活、业余生活似乎忽略了。而事实是,新生代农民工的业余生活、夜生活状况非常差,他们通常都在单调、寂寞中打发漫漫时光。

　　"走,到紫荆山公园听戏去!"吃罢晚饭,已是晚上8点20分,来自豫北浚县的新生代农民工黄俊(化名)便招呼同村的工友结伴到位于郑州市中心的紫荆山公园。在那里,每晚9点钟有一个由老年市民组织的业余艺术团自娱自乐。新生代农民工们三三两两结伴从四周赶来,将这个艺术团围得水泄不通,他们中不少人几乎夜夜不缺席。

　　"好不好?听呗,反正天热夜里睡不着,消磨时间呗。"黄俊说。他来这里听戏已经快一个月了,十八里河那里也有,但路远,环境也没有公园好。

　　"日出而作,日落而息",这是农民们几千年的生活习惯。然而,在农村老家,他们毕竟有老婆孩子热炕头。在城市里,他们有什么呢?每天,当劳累了一天的新生代农民工收了工,晚饭以后的时间是他们最难打发的时光。一次,笔者夜晚去探访一个建筑工地,在他们不大的宿舍里,围着两拨人,一拨人凑在一起看脏兮兮的杂志,那是本写满奸情、凶杀的杂志,不知传了多少人,但总舍不得扔。另一拨人围在一起赌钱,同样,脏兮兮的毛票,在他们的手中互相传。一位新生代农民工说:"他们每天晚上就是这样,也没有人管,反正输赢也不多,最多也不超过十块钱。到别处玩,俺们玩不起。"听到这话,笔者心里凉凉的。解决新生代农民工的夜生活问题,是个沉重的话题,它既关系着新生代农民工本身的身心健康,也关系着企业自身的发展,还关系着社会的稳定,更关系着"和谐"二字。

也有一些不安分的新生代农民工,因为夜间无事,便结伴喝酒、闲逛。喝醉之后,容易寻衅滋事、打架、斗殴、偷盗和抢劫等。据派出所的民警介绍,有次他们抓到了两个抢劫犯,就是在路边闲逛的新生代农民工。当他们看到一个珠光宝气的女人从他们身边路过时,他们不约而同地产生了"弄几个钱花花"的念头。环视周边夜深人静,他们下了手。但伸手必被捉,他们很快被抓住了,等待他们的,将是几年的铁窗生涯。

这位民警说,新生代农民工的业余生活单调,导致了他们辖区的犯罪事件频频发生。这个辖区有外来务工人员上万名,他们来自偏远的贫困地区,文化素质不高,由于打工在异乡,孤立无助,缺少家庭的温暖,以致发生许多的"偶发"事件。这位民警还告诉笔者"一个鸭子的故事"。

来自豫西灵宝的赵塱(化名)是个有才气的青年农民。在高中读书时,他就爱写诗。因为偏科,他没能考上大学,就到郑州的一个酒吧里打工。由于工作关系,他认识了一位年轻的富婆。几次接触后,他上了她的床。可过了一段后,她玩腻了他,给了他一笔钱,把他一脚踢开了。赵塱的自尊心受到了极大的伤害,诗人的气质令他义愤填膺,他开始报复了,从此他便出入一些高级女子会所,整天与那些名媛富孀厮混。他也赚了不少钱,开着宝马,载着美人,追着时尚,伴着情欲,伴着音乐,似乎在天堂里徜徉。然而后来,他吸毒了,高大的身躯成了空空的皮囊。最后,由于实在走投无路,他投黄河自尽了。临死前,他留下了遗书,题目是《一个鸭子的故事》。

当笔者将这个故事说给几个新生代农民工时,笔者得到了不同的反应,但总体的意思是:赵塱很值,这一生没有白活,总算整了很多漂亮女人,总比他们现在做牛马、受煎熬强得多。大家也觉得遗憾:可惜自己没这个条件,没这种艳福。

曾有美国闲暇教育专家指出,无能力处理好闲暇生活而带来寂寞化问题,是造成酗酒、吸毒、自杀、趋从社会上不良行为以及其他种种变态疾病的主要原因。新生代农民工处于城市边缘,在休闲生活方面更处于边缘地位,城市中林立的咖啡屋、酒吧、各种休闲会所和各种特色公园等文化娱乐设施,大多是为城里人而设置的,新生代农民工根本无钱享用,他们很难参与其中。他们生活在被城市遗忘的角落里,几乎谈不上对城市文化娱乐资源的利用。

重视新生代农民工的闲暇生活,是解决新生代农民工精神生活寂寞化的根本之举。全社会应该创新闲暇资源配置机制,构建多元化资金筹渠道,增加适合新生代农民工的休闲设施,开展业余知识培训。对他们的法治观念、学习精神、开放心态和责任意识的培养,有利于提高他们适应城市生活的就业能力、工作水平和创业意识,促进他们的心理健康,使他们的休闲科学化、文明化、合理化,避免庸俗的休闲行为发生,最终使他们走出寂寞生活的阴影。

二、从"讨薪"到"讨性"

(一) 新生代农民工的性生活访谈

如今,新生代农民工正逐渐受到社会的关注,如为农民工讨薪、监督食堂卫生等。然而,他们心理方面的问题却没有引起重视。"食色,性也。"新生代农民工最本能的性需求,不仅与城里人并无二致,而且有时候还有过之无不及。在建设和谐社会的今天,新生代农民工性生活需要尊重、理解和关爱。

再过两个月就可以回家了,26岁的来自河南上蔡县的青年刘翔(化名)正在用农历计算着日期。他说:"俺出来到郑州已经快一年了,来时刚结婚半个月。除了收麦回家住了一个星期外,这一年都在郑州。因为工地上没法住,老婆也没来一趟。俺盼着过年回家,抱抱朝思暮想的老婆。出来啥脏活累活俺都能做,就是想老婆的滋味太难受。"心直口快的刘翔道出了新生代农民工的心里话。

从权威部门数据中得知,在郑州市从事建筑行业的新生代农民工将近20万人,这个庞大的群体长期处在性压抑状态。问卷显示,在18~35岁的新生代农民工中,已结婚的占56%,未婚的占44%;不满20岁的占16%,满20岁的占68%。这些人正值精力旺盛的人生最佳时期。

在"上一次性生活是什么时候"的调查栏里,我们发现有两个已婚新生代农民工已经近一年没有过性生活。还有不少人回答是"两三个月",他们每年的麦收、秋收都要回家。在"有无性压抑"一栏中,89%的新生代农民工都在"有"字的背后画上了"√"。访谈中得知,他们中不少人有过性幻想,看过黄色小说、录像,也有12%的新生代农民工找过"小姐"。来自河南郾城的29岁的郑君(化名)说:"不怕您笑话,一到夜深人静的时候,俺就想和老婆'弄那事',实在忍不住了,就用手来解决。在工地上的兄弟都是正常人,都需要'弄那事'来解决问题。"他说:"俺也想过找小姐,但没有找过,一是怕对不起老婆孩子,二是没有钱。一个月累死累活挣一千多块钱,花在小姐身上有些亏。用手解决既对得起家人又不花钱,一举两得。"

"冷屋冷床冷被窝,自做自吃自刷锅。横批:光棍一个。"这是来自河南省新野县的小刘说的。他说,他29岁了,在郑州已经干了六年,这六年中他很少回家。他现在熬上了工长,收入比那些刚来的好一些。不过回家一趟得花一二百块钱,不值得。"今年夏天老婆来了郑州一次,因为没地方,俺们就在公园里睡了一夜。"说到这个尴尬的经历,他笑了笑,"没办法,我也是人,是个有血有肉的男人!对于我们农民来说,干活是一种累,要工钱是一种累,想老婆更是一种累。有几个伙计,实在憋不住了,就去发廊找小姐,50块钱一次,价格还可以。有些老女人到工地,有要20块的。"

"找小姐"毕竟不是常事,更多的人仍然是处于性压抑和性苦闷之中。访谈中得知,在每一处建筑工地,总能看到成群的新生代农民工蹲在路边看风景,他们把热辣辣的目光毫无顾忌地投在年轻的女性身上,眼神里流露出焦灼和渴望。"不可能不想那事啊!"一位来自河南永城的新生代农民工说,"干了一天活,又没有啥好玩的,只有四处逛逛,饱饱眼福,解解闷。"

中国性学会的一份统计表明,生理障碍、心理障碍、孤僻、抑郁、自闭等病症在新生代农民工中的发病率普遍高于其他人群,如果不能得到有效的疏导和缓解,就会引发犯罪行为。人是高级的情感动物,具有七情六欲。长期的性压抑,往往会引发一系列的社会问题,例如,一部分新生代农民工会花钱嫖娼,用以满足自己的生理需求,而另一部分人则可能走上性犯罪的道路。

(二)愈演愈烈的婚姻危机

河南省信阳市中级人民法院的副院长冯琦说,近几年,农民工离婚案件剧增。淮滨县法院判决的农民工离婚案件2003年为142件,2004年为169件,2005年为199件,而2006年为211件,约占该院当年离婚案件的70%。农民工离婚案件居高不下,呈现出离婚率高,和好难;判决率高,调解难;诉讼周期长,速裁难;缺席率高,出庭难的"高难"现象,给基层法律审判带来不少的压力。

调查显示,新生代农民工离婚率远远高于城市,而且在这些离婚案件

中,大多数发生在有外出打工人员的家庭中。究其原因,主要是"先天不足,后天失调"。在他们的婚姻中,有相当一部分通过由父母包办、换亲等方式组合而成的,有的甚至是买卖婚姻,缺乏感情基础。一旦这些人进城务工,与其他打工者产生感情,就很容易见异思迁;有一部分农家女进城后,眼看着花花世界,意志不坚定,用别人的长处对照老实巴交的老公,很容易心猿意马。有的新生代农民工夫妻在两地打工,彼此间缺乏沟通,更谈不上相互照顾,天长日久,本来就不牢固的婚姻很容易破碎。

河南省唐河县新生代农民工马军与李玲(均化名)2006年经人介绍结了婚。举办婚礼时欠了不少债,他们婚后一个月便双双进城打工。马军在郑州的一个建筑工地上做小工,李玲到一个夜总会里当服务员。半年过去了,马军依旧在工地上做小工,而李玲则在灯红酒绿中迷失了方向,她依仗着几分姿色,向经理发起了进攻。李玲和经理虽然相差十几岁,一个为金钱,但是一个为美貌,天天苟合在一起。2007年,李玲向法院递交了离婚诉状,过了半年,李玲如愿以偿,同经理结了婚,把马军气得差点发疯。

河南省淇县的一对新生代农民工夫妇,男的叫张路,女的叫李雪(均化名),2007年从山区的老家来到郑州。张路在一家酒店做保安,李雪在一个美容中心做按摩。李雪的收入远远高于张路,于是,李雪嫌张路笨,没本事,小夫妻到由三天一小吵,五天一大闹,变成天天吵闹,没等一年,张路便无奈地与李雪分了手。不久,李雪傍上了一个开煤矿的大款。

不仅女性新生代农民工会见异思迁,男性新生代农民工也有不少"一阔脸就变"的。来自河南省沈丘县的聂磊(化名),在郑州的银基服装城做服装批发,三年后存款有了7位数后,他开始看不起留在家里照顾孩子的"黄脸婆",与另一个"颇懂风情"的服装批发女老板好上了。他给了结发妻子一笔钱,协议离了婚,然后便与那位女老板搬到一起住了。

现代夫妻关系的巩固,有赖于历久弥新的亲密性、经久不衰的调适性和恰如其分的独立自主性,能够做到这三点,才会"家和万事兴"。如果夫妻双方长期分离,其中一方很容易心猿意马。

河南省孟津县的张伟与吉红(均化名)本来是一对恩爱夫妻,结婚一年后生了个儿子。不料儿子有先天性心脏病,张伟只好到郑州打工挣钱为儿子治病。张伟在一家物流公司当司机,长年开着大货车奔跑在祖国各地,一年到头很少回家。吉红在家抚养生病的孩子,又要干农活,一个人常常忙不过来。村里有个单身汉是张伟的本家兄弟,人老实也勤快,有一天,吉红家里有事请他帮忙,在干活中两人谈得很投机,随后两人产生了感情,也发生了性关系。天长日久,两个人觉得谁也离不开谁了。张伟的本家兄弟恐怕事情败露，便与吉红商量私奔。在一个月光皎洁的春夜，吉红撇下了生病的儿子，与张伟的本家兄弟逃往广州，隐姓埋名地生活在一起。2008年，他们生下了一个女儿。

郑州东区的高楼一栋一栋拔地而起，而新生代农民工们都从一个工地到另一个工地转移，来自河南济源的新生代农民工陶明（化名）已经在这里转战了五年。陶明的妻子在一家酒店当服务员，女服务员们住的是集体宿舍，那里是去不得的。陶明便把自己的爱床安在工棚里，这个工棚里住着六对夫妻，夜里睡觉大家各自在床前拉个床单，然后各干各的事，尽管大家心知肚明，谁也不说谁，但每对做事时，都非常小心。陶明说："俺知道这样做大家都很憋屈，但大家都租不起房子啊！"

在广东省3000万外来务工人员中，单身青年人数已经超过半数。很难想象，在一省之内，有1500万当婚未婚的光棍是什么样的状况。这种状况，事实上已经成为社会的隐患，他们无法成婚，是因为他们被挤出了"婚姻场"。"失婚"的新生代农民工，不同于他们的父辈，他们的经历决定着他们将不再是"城市里的过客"。婚姻无着落是因为他们在农村没有根，在城市里也没有根。这种"无根的一代"由于被边缘化而极易对社会造成威胁。让"无根的一代"生出根来，这是中国社会转型期间必须要跨过的坎。对此，我们应该用历史的眼光和忧患的意识来考量、来解决这个问题，不然的话，将来的"埋单"将是难以承受之重。

（三）女性新生代农民工的性现状

问卷显示：53%的女性农民工的交友渠道来自于老乡，65%的女性新生代农民工的交友对象是"一起打工的"。对于处于性欲旺盛期的女性新生代农民工来说，性压抑同样是她们情感方面的一大痛楚，她们"一个星期过两次性生活"的不足10%，有30%的女性新生代农民工选择"时间长了，记不清楚了"。对于解决性需求，30%的女性新生代农民工选择"强忍着"，15%的选择"用自慰的方法"，35%的选择已经麻木了。

著名社会学家弗洛伊德在对人类的各种需求分层时，把生存放在第一位。在某种程度上，性作为最基本的生理需求，也应该属于生存的一个内容，如果这种需求得不到满足，显而易见，既会给个人带来心理和精神的折磨，使人处在亚健康状态，而且也会引发大量的家庭、社会悲剧。中国著名的性学专家李银河认为，不能简单地认为农民工道德水平低下、法律意识淡薄，许许多多的数字说明农民工的性压抑程度已经很深，缺乏宣泄渠道，可能导致性犯罪。

马克思曾说过,哪一天德国工人在酒吧里谈性和谈昨天吃过的东西一样,社会就进步了。而今天,数以千万计的女性新生代农民工根本无法谈"性福"。调查结果显示:有88%的女性新生代农民工都患有不同程度的性压抑症,25%的女性新生代农民工对性质量非常不满意。长期不过性生活,感到难以忍受的女性比例高达37.8%。

张虹(化名)是从河南太康农村到上海打工的女子,今年28岁。高中毕业后,她因为家里经济状况不好才选择了打工。2004年前,她认识了赵涛(化名),一个来自家乡的小伙子,热恋一年后,他们结了婚。因为同在一个厂,她们觉得生活得很甜蜜。然而好景不长,4个月后,这家工厂倒闭了。他俩一个在浦东,一个在虹桥机场附近找到了工作。虽然在一个城市,但一个月也难见一面。2009年8月的一个夜里,他们又见面了,但在女工宿舍他们没法亲热,只好手拉着手在厂区里转了一圈又一圈,一直到四周静悄悄地没有一个人影时,赵涛再也按捺不住,一把将张虹拉到绿化树边的草丛里,张虹知道丈夫想干什么,半推半就地说:"让人看到了多不好意思?""怕什么,没人!"久别胜新婚,夫妻俩在草丛里沉浸在幸福之中。天蒙蒙亮时,激战了半夜的他俩仍在酣睡中,突然听见一声惊喝:"干什么的?"张虹吓得连裤子也穿不上了,赵涛穿上衣服说:"我跟老婆说话呢。""哪有夫妻这样的,走,到保卫处去!"保安说着拉着刚穿了衣服的张虹,嘴里还说:"我看你们都不像好人。"这时张虹厂里工人已经开始上班,张虹羞得恨不能找个地缝钻进去。

性欲,如同洪水,如果没有正常的宣泄渠道,就会肆虐成灾。一位从警近三十年的警官说:"近几年,随着新生代农民工进城,性犯罪的案子不断攀升,成为全社会治安的新关注点。"性要求,是天经地义的事情;性欲,是一个正常人的正常生理需求。性欲的到来,如同洪水,堵是不行的,应当疏导。因此,专家呼吁:应该为广大新生代农民工提供一个健康的、人性的、和谐的居住环境。

健康专家建议:所有用人企业,都应当实行轮休制度,让连续工作一段时间的新生代农民工休假探亲,以释放他们被压抑的能量,缓解心理和生理的压力。这样不仅能够有效地防止新生代农民工因性缺失而引发的疾病,而且也能提高工作效率。

社会学家认为,目前的城乡二元体制,导致了新生代农民工心理上极大的失衡。城市的市民不应当歧视他们,而应当关心这些为城市作出巨大贡献的新生代农民工;政府应该多增加一些设施,为新生代农民工做好"性服务",为新生代农民工提供交友的机会和条件,缓解他们的性压力。

现在，党和政府提出了"和谐社会"的执政理念。性和谐是家庭和谐的基础，家庭是社会的细胞，因此，如果亿万新生代农民工的性生活不和谐，那么众多的家庭就无法实现和谐。大量的家庭如果出现了矛盾，社会和谐就成了无本之木。新生代农民工的"难言之隐"，需要政府与社会从制度上予以解决。

第七章
不该歧视新生代农民工

一、新生代农民工曾被妖魔化

(一) 新生代农民工的形象

从心理学的角度来看,形象是人们通过视觉、听觉、触觉、味觉等各种感觉在大脑里形成的关于各种事物的整体印象,简而言之,即各种感觉的再现。形象不是事物的本身,而是人们对于事物的感知。不同的人对同一事物的感知不会完全相同,因而其正确性受到人的意识和认知过程的影响。由于意识具有主观能动性,因此事物在人们头脑中形成的不同形象会对人的行为产生不同的影响。

企业的形象靠形象墙,人的形象则靠衣装、气质和修养等。人的形象往往影响和决定一个人的命运。新生代农民工的形象是什么样子?有一位诗人这样写道:

高速公路的通畅,
那是你汗水的流淌。
现代建筑的辉煌,
那是你心灵的迹象。
中国制造的翱翔,
那是你理想的褒奖。
你再造了第二战场,
城市平添新生力量。
你不惜背井离乡,
社会收获许多吉祥。
我欣赏你的模样,
我欣赏你如今的形象。

应该说,这首短诗张扬了新生代农民工的形象。工地上、酒店里、工厂中,到处都有他们忙碌的身影;夜校教室里、商场中、游乐设施旁,到处都是他们为别人服务而忙碌的景象。从进入城市的那天起,他们就给城市带来活力,他们每一张面孔的背后,都有一个感人的故事。2009 年,在一个秋高气爽的时节,笔者访谈了两位在郑州打工的年轻女性。

"再打十几年工,给女儿攒够上大学的学费,我就回老家去。"今年 28 岁的张敏(化名)是河南郑州一家保洁公司的保洁员,负责一个中型超市的保洁工作。她来自河南卫辉,到郑州已经 3 年。看到张敏时,她正在超市的过道拖地,身子弯得很低,当她抬头时,一张被岁月风蚀过的脸与她的年龄很不相称。她说,她的女儿已经 6 岁了,现在在老家上幼儿园,明年就该上小学了。她高中毕业后,因为没有钱没能上大学,现在说啥也不能再让她的孩子走自己的路。她和丈夫到郑州已经整整 3 年了,丈夫在一个小区当保安。两个人每月花 300 元租了个一室一厅,一年省吃俭用可以省下 1 万元。她算过,再过 12 年,他们能存 12 万元,够孩子上大学了。到时候,她干不动了,就回家干农活。再以后,就给女儿做饭,哄小孩。

"挣钱让妹妹上大学。"王平(化名)今年 23 岁,来自河南省商水县,现在在一个高档夜总会当"公主",其实,所谓的"公主",不过是个为消费者开酒、倒水、擦桌子、点歌的服务人员。她说,她每天的工作不太累,就是太熬人,每天客人给的小费不少,1 个月会攒两三千元,她每月拿出 1000 元供妹妹上大学。她心里的苦恼也很多,男朋友听说她在夜总会工作后与她分手了。"难道在夜总会工作的人都出台?"她对此很想不通。她说,她没有技术,干别的工作收入低,不能供妹妹上学。从她那凄楚的眼神中,笔者看到了她的无奈。

有了理想,人的生命才有生命力。人本来就没有贵贱之分,一个有理想的清洁工远比一个游戏人生的纨绔子弟更受人尊重。这几个普通的青年女性,正在用她们稚嫩的肩膀扛着家庭、人生的重负,她们的形象也因此更加高大鲜明。

(二)谁在妖魔化新生代农民工

新生代农民工对全国各大城市的贡献是有目共睹的,从蔚为壮观的高楼大厦,到地下数十米的地铁工程,许许多多的地方都曾出现过他们忙碌的身影。

然而,不知从何时起,新生代农民工居然变成了一个带贬义的词汇,欺骗、自杀、爬塔吊、赌博、卖淫、强奸、抢劫、性饥渴、讹诈、偷窥、械斗、口出秽言、手脚不干净等几乎成了描写新生代农民工的专用语。诸如此类的语言在媒体中可信手拈来,如"在京民工长期性压抑,一年连续奸杀4名女子"、"7名民工爬塔吊讨薪"、"赵薇浑身脏兮兮像民工"、"为讨200多元工钱,民工锤杀工头家人"等。

就连"考上研究生"、"托福考了630分"等,只要挂上"民工"的字样,亦成了媒体中的新闻,并被加以详尽的报道。这从另一个侧面再次证明媒体对农民工的偏见。许许多多的城市人,对新生代农民工极尽"恶攻"之能事,给新生代农民工造成了极大的伤害。

新生代农民工是弱势群体,作为社会正义、社会良知代表的新闻媒体理应是新生代农民工群体利益的维护者。但一些媒体在聚焦这些弱势群体的同时,在慷慨好心的糖果里包着刻板成见的毒药,字里行间流露出的往往是新生代农民工等同于乡巴佬,认为他们卑微、非理性、低人一等,在社会的语境内他们被捏造成可怜、无助、无知、邋遢的形象。更有甚者,南京有一位家长因痛恨晚自习制度编造谣言称有女生遭民工强奸。

妖魔化某人、某个群体、社区或国家的形象,就是不顾事实、不加分析地贴上恶的标签,用舆论之棒将其一棒打死,使其失去辩解的话语权,成为任人宰割的对象,这种宣传策略在"二战"期间各交战国中经常使用。不幸的是,新闻媒体在道义上援助新生代农民工群体的同时,自觉不自觉地把这种妖魔化的策略运用到纷纷涌进城里打工的、为城市默默奉献的数以亿计的新生代农民工身上。这是偏见导致的城市媒体的一个悲剧。

社会学家孙立平指出:在我国的一些城市中,对新生代农民工污名化现象普遍存在。肮脏、随地吐痰、偷窃、不礼貌、不文明等,在某些报道中似乎就是新生代农民工的特征,一个地方如果发生刑事案件,人们也总是将怀疑的目光投向进入城市的农村人。一位中国传播学会会员曾对《工人日报》、《北京晚报》、《成都商报》三份报纸一年间的112则报道作过内容分析,考察了农民工在事件中的形象定位,结果发现,这些报纸在很大程度上存在着对农民工污名化的倾向。

在媒体的视野中,新生代农民工被塑造成为非主流群体的"他者"而存在,他们被认为是弱势的、病态的群体,媒体关注的焦点集中在新生代农民工讨薪问题、权益保护问题、社会治安问题和刑事案件问题等。不难看出,报道中新生代农民工被打上无力、无能、无助的烙印,他们一直处于失语状态。

媒体对新生代农民工的歧视,最本质的原因是媒体产业化促使他们极力追求利益最大化。在此过程中,他们常常将信息资源交由市民阶层。而市民阶层自视清高,从骨子里看不起新生代农民工,认为新生代农民工素质低。为了迎合市民的需要,媒体的宣传逐步趋向与市民一致,在报导上轻视新生代农民工。

新生代农民工社会形象的错位,是由媒体在无形中产生的城市视角造成的,媒体只报道新生代农民工在城市中弱势的一面,他们的强势形象一直被忽略,以致新生代农民工群体呈现的只能是他们边缘化的一面。从现实角度看,媒体歧视的产生有其必然性,媒体歧视的长远影响会日益加剧社会知识和信息的鸿沟,破坏社会公平公正原则,带来诸多的社会问题。同时,也会扭曲媒体自身的发展,导致媒体最终丧失在公共领域的价值。

不可否认,由于教育程度、家庭教育等因素的影响,进城打工的农民身上存在着城里人看不惯的生活习惯、生活习俗。然而这些习惯源于他们生活的积累,源于城乡二元结构的对立,而不是上天赋予他们的"个人文化"。社会要现代化,农村要城市化,无论是城里人还是新闻媒体,都应当帮助他们、教育他们,使他们养成适合于大都市的生活习惯,而不应该嘲笑、丑化他们原有的适合于田园生活的习惯,在城市里继续制造城乡二元文化的对立。

(三)歧视新生代农民工背后的思考

所谓歧视,就是不平等地对待,是由偏见进一步发展而成的。如今,随着社会的发展,歧视的种类越来越多,如种族歧视、地域歧视、分数歧视、就业歧视和姓名歧视等。在我国,目前比较突出的是对新生代农民工的歧视。

在北京市宣武门外崇高百货东南100米处有一座公厕,周边民工长期在此方便,然而被改建为生态环保公厕后,管理人员却拒绝农民工前来方便。他们的理由很简单:生态环保公厕专为附近居民和来往行人服务,农民工们在使用公厕时不注意卫生,带来很多的不便。

笔者在深圳的一家电子元件厂对工人们的访谈中得知,有一个车间,当地人为一组,新生代农民工为一组,当地人上白班,新生代农民工上夜班。白班生产的产品还没有夜班生产的产品多,而上夜班的新生代农民工拿的工资却没有上白班的当地人多。厂里给上白班的工人每两人一间住房,而让夜班的农民工住在郊区租的当地老百姓用猪舍改建的住房。

调查中发现,随着我国社会的转型,大量的新生代农民工进城后,遭遇的首先是大量的社会歧视,歧视的主体有政府公务员和城市居民,歧视的内容涉及经济、非经济、政策甚至主权等方面,其主要表现为:

工资歧视。工资歧视具体表现为同工不同酬,私营企业主故意克扣、拖欠新生代农民工的工资。据劳动部门统计,全国每年查处的克扣农民工的案件都有数十万件,涉及资金数十亿元。企业克扣新生代农民工的工资问题,已经成为当前影响社会稳定的主要问题之一。

雇佣歧视。我国的城市普遍存在着两个劳动力市场:一个是收入高、工作环境好、待遇好、福利优越的劳动力市场,即"首属劳动力市场",属于"城市人劳动力市场";另一个是收入低、工作环境差、无福利的劳动力市场,即"次属劳动力市场"。而后者这个市场,是给新生代农民工准备的。

基本人权歧视。有些企业安全保护设施不全,却安排青年工上岗,严重侵犯他们的安全保障权。新生代农民工进城证件繁多,企业扣押身份证,限制人身自由的事频频发生,有时甚至随意收容遣送他们。新生代农民工的子女入学难也严重违犯了《义务教育法》,侵犯了公民的受教育权。

政策性歧视。由于户籍制度的限制,大量的新生代农民工在子女入学、国有企业招聘、公务员录用和社会保险待遇等方面,与城市本地职工相比处于不平等的地位,从而降低了外来劳动力获得理想职业的可能性。

歧视新生代农民工的问题,如果不通盘考虑解决,不仅会加剧社会的抵牾,而且会扩大社会的裂痕,甚至祸及全社会的正常秩序和经济发展。人类生而自有并享有平等的尊严与权利,谁也没有理由剥夺他们这一权利。

一个公平的社会,应该是彻底消除一切歧视的社会。实际上,目前很多国家都没有做到。在中国,对新生代农民工的歧视,可以说,在相当长的时间内,仍然不能消除。城市里某些"高等居民"的那种"不屑一顾"的歧视目光,不会在短时期里消失,尽管这些"高等居民"的生活一刻也离不开新生代农民工的辛勤劳动。中国有句古话:"杀世上贼易,杀心中贼难。"尽管如此,我们目前至少能够在制度上、形式上为消除漠视新生代农民工问题上开展工作,有所作为。一个有良知的社会,应该消除那些无良知的行为。

社会是一个互相依存的有机体,而每一个社会成员相互之间的公正与平等、信任与合作、宽容与关爱是这个有机体和谐发展的基本准则。歧视会造成不平等,将破坏一些基本准则,使社会失衡和断裂,并导致阶级之间的社会对抗,从而破坏整个社会有机体健康、有序的发展状态,并最终危害到所有社会成员。因此,不少有识之士提出:

——废除以社会出身为条件的就业和职业准入制度,仅以其工作能力为资格,向所有公民平等开放一切就业和择业机会;

——废除计划经济模式的户籍制度,以公民的工作地和实际居住地为

基准,使他们享有平等的政治、经济、社会、文化权利;

——废除基于人口属地化的公共资源分配和社会保障供给制度,以工作年限和居住时间为标准平等提供社会保障资源,建立全国统一的社会保障制度,让新生代农民工能够自由迁徙和生活在他们的工作地,让他们的孩子可以在其工作地接受义务教育,让他们的家庭可以在其工作地团聚,让他们享受平等的医疗、失业、养老、教育保障等;

——切实落实新生代农民工及其家庭所享有的基本合法权益,让他们参与工作地或居住地的政治生活,有选举权和被选举权,有制约官员的权利和集体谈判的权利;

——以补偿教育的形式,为新生代农民工提供文化教育、职业教育和其他教育培训机会,使其素质不断提升,并转化为社会经济发展前进动力。

二、城市凭什么容不下他们

(一) 城市应该承认他们的市民社会主体地位

城市是人类文明的标志,是人类经济和社会生活的中心。城市化过程是衡量一个国家和地区经济、社会、文化、科技水平的重要标志。城市化是人类进步的必经过程,只有经过城市化的洗礼后,人类才能迈向更为辉煌的时代。然而,仅仅看到城市所带来的丰硕成果而赞叹不已远远不够,城市化过程并不一定是一曲美妙的乐章,像许多社会进步一样,城市化过程也夹杂着许多不和谐之音。

阿基硫斯是古希腊神话中的人物,是《荷马史诗》中的英雄,由于他刀枪不入,在特洛伊战争中立下了赫赫战绩。但他并非全身各处均刀枪不入,他的双踵因为没有在冥河里浸泡,成了他的致命弱点。最终,他被帕里斯射中双踵后不治而亡。

在改革开放以前,中国的城市化进程呈现出五个特点:一是政府是城市化动力机制的主体,二是城市化对非农劳动力的吸纳力很低,三是城市化的区域受高度集中的计划体制的制约,四是劳动力的职业转换优先于地域转换,五是城市运行机制具有非商品经济的特征。

这种城市化的结果,形成了城乡之间相互隔离和相互封闭的二元结构,构成了城乡之间的壁垒,阻止了农村人口向城市的自由流动,也形成了中国城市化进程中特有的"阿基硫斯之踵"。

随着改革开放的深入发展,中国的城市化进程也在加快。大批农村剩余劳动力每年以数以千计的增速像滚雪球一样流入城市,他们遇到的一系

列难题,也成为制约城市化进程的瓶颈。城市化的最显著特点是构筑成熟的市民社会,而农民工尚未真正融入城市,城市还没有确认他们的市民社会主体地位。

现代市民社会理念是由黑格尔提出,并由马克思加以完善的。马克思认为,市民社会是与政治国家相对存在的,他认为社会中每一个成员都扮演着两种角色,一个是市民社会的成员,另一个是政治国家的成员。市民社会的成员按照契约性规则,以自愿为前提和以资质为基础进行经济活动、社会活动以及参政活动。成熟的市民社会应该是市场化程度、契约化程度和自治性程度都非常高的社会形态。

当今中国的城市化进程中存在着诸多问题,而新生代农民工的问题尤为突出。他们进入城市后,并没有真正融入城市,没有成为城市中的一员,他们的市民社会主体地位没有被得到承认,以致他们的合法权益不断地受到侵害。究其原因,主要表现为内在的原因和外在的原因两种。

究其内在原因,新生代农民工之所以遭受到不公正的待遇,主要由于其市民意识薄弱。市民意识是指社会中的个人自觉意识到自己乃是独立的、自由的、平等的社会主体,具有自己独立价值追求和在私人领域不受国家和他人非法干涉和侵害的观念体系。新生代农民工从农村来,满足于过去那种自给自足的状态,不具备城市人的自由、平等观念,不懂得运用法律手段保护自己的利益。

究其外在原因,一方面,城市市民以其私利的无限增长为其终极目的,市民不仅担心国家对其财产的侵害,也担心社会其他成员威胁其财产的增长。因而,他们对大量新生代农民工的进城,有着天然的敌意和歧视。另一方面,国家对新生代农民工的服务措施也相当欠缺,国家的保障措施也很不到位。

确认新生代农民工的市民社会主体地位,有助于中国和谐社会的构建。和谐社会包括两个方面,即内部和谐和外部和谐。将新生代农民工置于原市民的同等地位,一方面,他们就会站在相同的平台上生存,原有的市民就不会敌视他们,他们也不会再抱怨,他们就会明白市场经济的法则——适者生存;另一方面,有助于市民社会与国家的和谐,国家如果对他们出台政策性歧视,他们就必然心生对国家的不满,导致他们同国家之间出现矛盾。国家采取公平、公正的政策,确立了他们的市民社会主体地位后,可以稳定其生存空间,他们的怨恨就会减少直至消失。

(二)孩子们的城市企盼

在河南省,有将近2000万新生代农民工为了生活,四处奔波在全国各大中城市。那些随着父母到城市里生活的孩子们,在秋季开学时生活得如何?共青团河南省委在郑州市的金水区、管城区以"新生代农民工子女的城市生活适应性"为题,发放了300份问卷。

问卷显示,有60%的新生代农民工子女感觉在城市里生活得比较幸福。据了解,这些孩子们普遍吃苦耐劳,学习刻苦,但有65%的孩子不认为自己是城里人,68%的孩子渴望与城里的孩子进行更多的沟通。

11岁的玲玲(化名)在管城区的一个小学里上学,开学读四年级。在新学期的第一个班会上,她跳了个独舞——《我爱北京天安门》。老师说,她高举着红纸花,欢快地跳了两遍,非常棒。玲玲说,她2007年同父母一起到郑州,在郑州租了一个一室一厅,还不错。她说她喜欢郑州的生活:楼高,马路宽,生活很方便。调查数据显示,60%的孩子表示"如果条件允许,我愿意留在郑州",有70%的孩子对自己的未来充满了信心。

金水区的一位教师说,与城里的孩子相比,这些来自农村的孩子大都学习刻苦,虽然身上也存在一些陋习,但一批评,他们就能立即纠正。这些新生代农民工的子女,正在通过自己的行动,努力地融入城市。

调查还显示,超过八成的孩子经常做家务或帮父母干活,多数孩子说能够得到老师的支持和帮助。在"学习动机"一栏中,不少学生填"考上大学"或"做个城里人"。

但在访谈中,笔者也发现几个不和谐的碎片,令人心生遗憾和痛惜。

"城里的小孩瞧不起人。"孙萍(化名)来自河南洛阳伊川县,爸爸是个小包工头,带着十几个泥工经常穿梭在郑州市的一些建筑工地。为了照顾丈夫的生活,孙萍的妈妈在孙萍3岁时就带着她来到郑州,住在简易的工棚里,给民工们做饭。每干完一个项目,他们就搬一次家。但让孙萍自豪的是,当她穿着新衣服回家后,告诉小朋友她到过郑州的碧沙岗公园、动物园和紫荆山公园时,农村的小伙伴都非常羡慕她。2008年,她在郑州上学了,比起老家的学校,这里的操场很大,教室也明亮,桌子椅子都是新的,但同学们都不跟她玩,下课时几个女同学跳皮筋,也不让她参加。2009年,班里春游,妈妈摊了鸡蛋饼,同学们都嫌她的鸡蛋饼脏,嫌她是农村人,土气。她气得大哭了一场,说:"城里的小孩瞧不起人,尽欺负人!"

"我会比他们有出息。"张彬(化名)是河南洛阳宜阳人,爸爸是送水工,妈妈是保姆。在郑州北郊的一所小学上四年级。那天,他和几个同学坐62路公交车,不小心碰到一个胖同学的书包,那个胖同学开始骂起来:"你是

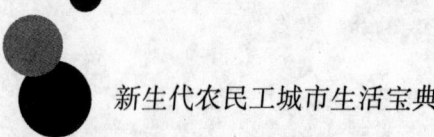

三只手啊,小送水工。"张彬对他笑了笑,没有还嘴。那几个城里的孩子争着抢座位,然后用郑州话说起昨晚电视内容。下午时,车刹得太猛,张彬站不稳没想到又踩着了那个胖同学的脚,那个胖同学迎面一拳,嘴里骂道:"喝醉了啊,穷小子,宜阳的杜康酒你喝得起吗?"张彬挨了一顿打,但始终没有还手,他说,他被欺侮惯了,无所谓,反正他学习比他们好:"长大后,我会比他们有出息,看我到时候如何修理他们!我要把他们发配到农村!"

从心理学角度讲,童年家庭环境不好,如果一个人童年的一些经历储存在潜意识里,会影响他长大后的性格。这种复仇性格,会给社会和人类带来巨大的破坏力。

城市到了应该给新生代农民工及其子女提供一个"融入规划"的时候了,不能仍然止步于"头疼医头、脚疼医脚"式的应急方式,也不能仅仅依赖"蜻蜓点水"式的定点救助而忽略一个庞大的群体。这个规划不仅要有近期、中期目标,更要有长远的考虑,要把切实解决新生代农民工及其子女的融入城市问题与城市发展与繁荣结合起来,它关系到城市的未来、一个群体的未来,甚至整个社会的稳定。

(三)城市融入问题探幽

新生代农民工的城市融入问题,是一个非常复杂的问题。较之他们的上一代,新生代农民工融入城市的愿望十分强烈,但他们在融入城市的过程中,却遭受着经济、政治、社会保障等多方面的社会排斥,这种制度性的社会排斥极大地阻碍了新生代农民工的城市融入进程。

社会排斥的概念是在20世纪末在国际社会上流行起来的。这个概念最早是由法国人雷纳尔提出,他所认为的社会排斥是指法国社会中一些人或群体未能被传统的社会保障体系所覆盖,强调个体与社会整体之间的断裂。后来社会排斥逐渐延伸为一个多角度的概念,涉及贫困、失业、伤残、缺乏权利等诸多方面。

近年来,我国的许多学者也对社会排斥进行了深入的研究,社会学专家唐钧认为社会排斥是游戏规则造成的。社会政策的研究者们的目标是修订游戏规则,使之尽可能地惠及每一个社会成员,从而趋于更合理、更公平。所有的游戏规则都是一把"双刃剑",使一部分人成为赢者,而使另一部分人成为输者。

研究社会排斥的学者们从社会学的角度对新生代农民工做了大量的研究,取得了丰硕的研究成果。然而,他们过多的是关注新生代农民工内部的阶层分化、农民工城市化水平等,而忽略了新生代农民工在城市融入过程中所面临的各种制度性排斥,从而难以提出解决新生代农民工的城市融入的有效途径。不少学者认为,新生代农民工进城之所以步履维艰,根本原因出在制度设计和制度建构上。制度性排斥是造成新生代农民工受到不公正、不平等的根源。

其一,户籍制度的排斥。可以说,以户籍制度为标志的城乡分割制度是新生代农民工流动的最大制度成本和城市化及新生代农民工城市融入的最大障碍。由于城乡的二元户籍状况,城市相关制度被人为地贴上了标签,使得原本应当与户籍无关的制度却与户籍产生了千丝万缕的联系。在这个意义上,户籍制度已经成为制度性排斥的基础性制度,将相当一部分人"屏蔽"在分享城市资源之外,造成青年农民身份与其职业、角色背离,成为中国城市化进程中的一种实际性障碍。

其二,社会保障制度的排斥。大量的新生代农民工长期生存、工作在城市,为城市的发展作出了贡献,然而,由于他们不具有所在城市的户口,因而被排斥在这个城市之外。近年来,虽然一些城市开始逐步重视新生代农民工的社会保障问题,制定了有关新生代农民工社会保险暂行办法,但由于种种原因,这些规定得不到有效地施行,他们绝大多数仍然流离于社会保障的"安全网"之外。

其三,教育制度的排斥。长期以来,我国教育政策与教育资源向城市倾斜,城市里新生代农民工子女受教育的资格遭受歧视。在现行的义务教育体制下,新生代农民工流入地的当地政府没有义务去管外来少年儿童的义务教育,他们的子女如果想在城市入学,则需要高昂的借读费,使得不少新生代农民工不敢奢望在城市里落户。

其四,文化制度的排斥。由于城乡长期隔离和城市的优势地位,城市居民逐渐产生了一种排斥农民的特权文化心态。这种群体偏见在城乡隔离的情况下,尚处在隐蔽状态,而大量的新生代农民工进城之后,这种已有的偏见与歧视就暴露出来,成为他们必须面对的现实。在城市文化的歧视下,新生代农民工则备受心灵的孤独、迷茫和痛苦的煎熬。有学者认为,新生代农民工文化资本的缺乏使他们很难获得技术含量较高的正式岗位和提高人力资本的机会。文化资本的缺乏导致了市民的文化排斥。

其五,法律制度的排斥。目前,我国现行的法律存在着不健全的地方,致使新生代农民工不能很好地维护自己的合法权益,其表现为:一是对劳动者的保护力度不够;二是《劳动法》规定的"先仲裁,后诉讼"的劳动争议解决方式使他们无法承受较高的维权成本;三是一些法律操作性不强,没有很好的制约手段;四是他们目前用于维权的法律存在着空白和疏漏,目

前尚未有一部针对农民工自己的法律法规。因而,可以说,新生代农民工在城市里成为一个缺少法律保护的群体,游走在城市法律保障的边缘。

其六,就业制度的排斥。新生代农民工就业制度的排斥主要表现在城市劳动力市场的排斥。一个时期以来,城市的就业形势日趋严峻,不少城市政府纷纷采取保护本地户籍人员就业的措施,而新生代农民工却成了排斥的对象。另外,劳动力的绝对过剩降低了新生代农民工与雇主谈判的话语权,劳动力的竞争也加剧了城市居民对新生代农民工的排斥与歧视。

克莱尔·肖特指出,各种社会排斥无不导致社会环境的动荡,以致危及全球社会成员的福利。社会排斥导致新生代农民工被城市边缘化,这是个非常值得关注的问题。

三、他们不愿再做城市的"过客"

(一) 新生代农民工的城市梦

随着第一代农民工的年龄增大,他们大多已经返乡。80后、90后的新生代农民工陆续进入了城市,并成为农民工的主体。他们的文化程度、人格特征、打工主要目的、城市认同感、生活方式、工作期望和家乡情结等方面与第一代农民工不同。

新生代农民工的城市梦比他们的父辈更执著,他们中大多数人不愿意在结束了若干年的打工生涯后回乡务农,他们中大多数人也没有务农的经历和经验,他们的家乡情结也比他们的前辈淡,在城市里"有自己的事业"是他们中不少人的梦想。

黄青(化名)是河南省西华县红花镇人,今年16岁。现在在深圳与姐夫一起合开一辆出租车。笔者是在深圳火车站坐上他的出租车,刚聊几句,便发现了他的豫东口音,得到证实后,他告诉了笔者他老家的地址。当他听说笔者去宝安区的方向,他便在心中设计了1条便捷的路,并抱怨说:"现在是上班高峰,塞车,我刚才从宝安方向拉个客人到这里,走了快1个小时。走这条路,最多20分钟。"

黄青很健谈,说起他的家乡更是滔滔不绝。他说,他的家乡是著名的黄泛区,1938年6月蒋介石炸黄河大堤留下的。听老一辈人说,蒋介石炸黄河大堤后,黄河改道,泛滥成灾,仅河南就有20多个县沦为黄泛区,无家可归的难民不得不以草根、树皮为食。现在他一家4口,只有7亩地,不够父亲一个人种的。再说,弄那几亩薄地,辛苦不说,也挣不了几个钱。

他说,17岁那年,他和村里的年轻人一起闯深圳。他们中有的做保安,有的搞装卸,有的搞建筑,他选择修汽车,他希望"出来几年挣大钱,然后风风光光好好享受生活"。他没有技术,便从学徒工做起,刻苦学技术。过去在老家时,他没有摆弄过汽车,什么底盘、发动机、线路等他连听都没有听过。经过3年的努力,他成了一个熟练的修理工。第1年,包吃包住,老板每月发200元,第2年涨到每月500元,第3年每月涨到1000元,第4年涨到将近2000元。到第5年,他不愿再给老板干了,就自己当老板。他联合几个亲戚,凑了十几万,办起了自己的汽修厂。

黄青坚信"在家靠父母,出门靠朋友"的道理,他为人仗义,好交朋友,因而生意也特别好,客户圈子越来越大。然而,正因为他为人仗义,不少来修车的人都签单,他手里的资金流动也越来越困难,最后不得不关门大吉。见到他关门,一些欠钱的朋友才把钱还回来,而为了要钱,他也得罪了一些朋友。于是,他用收上来的钱买了一辆出租车,雇他姐夫合开,一天下来,也能挣上四五百元。"省心多了,开出租收现金,很自在。"黄青说。

他还说,他争取再干几年,在深圳买套小房子,娶个老婆好好过日子。对于回农村,他说:"没有想过,深圳挺好!只要好好干,俺会变成城里人。"

李娟(化名)来自河南省平舆县。她家里虽然很穷,但她对城市生活十分向往,时常做着青春城市梦。17岁那年,她高中没毕业就到郑州的表姐家当保姆。她聪明伶俐,干活勤快,不到3个月就得到表姐全家的认可。表姐和表姐夫在郑州银基服装城搞批发,每年有上百万的进项,对她发钱也很大方,经常给她带回来一些时髦衣服。女大十八变,两年间,李娟出脱得越来越漂亮,对时装的了解也多了起来,她常常给表姐送饭,让表姐回家喂孩子,由她照顾店面。有一天表姐在医院里照顾孩子,她在表姐的店面招呼顾客,在外面陪客户喝得醉醺醺的表姐夫见只有她一个人在,便淫心大发,强行与她接吻,她气得跑到医院诉苦,不料表姐却说:"苍蝇不叮无缝的蛋,还不是你浪,勾引俺男人!"李娟气得与表姐大吵一顿,离开了表姐家。

李娟回到老家,面对已经陌生的农村生活,她再也呆不下去,不到1个月,她又只身来到郑州,到银基服装城的一个比表姐实力强无数倍的批发商那里打工,她决心干出个样子来,超过表姐,把表姐的店铺挤垮。

有了这个决心,李娟在这个批发商这里工作非常努力,十分敬业,很快赢得了老板信任。这个老板是个女性,单身贵族,经营多萝西、朵拉米、蔓路卡等几个韩国女装品牌,她非常喜欢李娟,把李娟当成亲妹妹看待,经常在工作之余带李娟到歌厅、咖啡厅,让李娟长见识。在老板的精心调理下,李娟的气质、形象发生了很大的变化,非常像那位性感柔媚的模特金泰熙。

她朝展厅一站,许多分销商争相订货。后来,女老板嫁给了韩国人,便把郑州的生意交给她打理,条件是利润五五分成。3年后,李娟在郑州有了车,有了房,有了7位数的存款,她的户口也迁到了郑州。

笔者问她:"还恨表姐吗?"

正在优雅地品着意式卡布奇诺咖啡的李娟平静地说:"感谢还来不及呢。不是她,我咋到郑州?"

(二)融入城市何其难

有一个古老的命题:是先有鸡,还是先有蛋? 是鸡生蛋,还是蛋生鸡? 古往今来,人们争论着这个问题,莫衷一是,无数的人陷入困惑之中。

其实,从生物学角度看,不能孤立地谈"先有鸡,还是先有蛋"的问题,本质是物种起源的问题,应该与其他物种一起考虑。物种的起源是渐变的、进化的,不存在或看不到突然出现鸡或出现蛋的时刻和情况,就像蝌蚪变成青蛙一样,是一个渐进的过程。有机体开始出现时是低等的,是无性繁殖,而后形成适应性较强的新链条,然后逐步进化,不同代的链条突然断裂,进化为卵生或胎生物。

目前,新生代农民工融入城市,解决城市户口,也陷入这个怪圈:要购买经济适用房,必须有城市户口,而要有城市户口,才能购买经济适用房。

"总有一天,我要住进城里,我要成为城里人。"来自河南省商城县的建筑工李松(化名)将手里的砖头抹上水泥,狠狠地扣在砌了半截的墙上。看着脚下的楼层一点点地增高,他想在城市买房,想成为城里人的欲望越来越强。他在郑州的一个老城区里租房,这里无论是退休老人,还是过去没有工作的老市民都有一份自己的退休工资或低保收入,靠着这些,城里人过得悠然自得,打个麻将,养只小鸟,喝个小酒,令他10分眼馋。然而,他干了10年了,只攒下10万块钱,申请经济适用房,他没有资格,买商品房,他即便不吃不喝还得干20年!调查显示,像李松这样的新生代农民工占50%以上。

这是一个特殊的群体,他们有的在襁褓之中就被父母带到大城市,有的甚至就出生在父母所打工的城市。虽然他们的户籍还在某个遥远的小山村,但是他们却十分熟悉和了解他们身边的这座城市,他们的脑海里对于那个遥远小山村只留下模糊的记忆。这就是被当今学术界称为"新生代农民工"的群体。现在这批人中,年纪大的有了孩子,年纪中等的等待着就业,年纪小的正在努力求学。户籍、福利等政策的限制,正让新生代农民工面临着求学难、就业难、交流难的境地,在"融入城市"这个迫在眉睫的问题上,他们遭遇的是更多的无奈。

首先,他们遇到的是求学难。资料表明,在上海,义务教育阶段现有新生代农民工子女38万人,教育公平的大门虽然已经打开,但是后来的路仍然漫长。他们有的"独立编班",有的"混合编班",前者有利于孩子们回原籍升学,后者不利于回原籍升学。孩子们既然在义务教育阶段能在上海就学,为何上高中就不能在上海上?为什么考大学不能在上海直接考?

其次,他们遇到的是就业难。据调查,在16~35岁的来沪新生代农民工中,"随父母或亲友介绍来上海"的占63.1%,"有家庭成员在上海"的占58.5%。由此可见,第一代农民工在上海已经站稳了脚跟,因而便有了投亲靠友的新生代农民工。然而在就业岗位上,他们通常是干的又脏又累的工作,而且收入低、失业率高,成为不可忽视的就业弱势群体。

再次,他们遇到的是交流难。他们虽然生活在繁华的大城市,然而却与所在城市之间隔着"一堵高高的墙"。调查显示,60%的新生代农民工没有"真正的上海朋友",70%的新生代农民工"没有到过上海人的家",40%的新生代农民工觉得"上海人看不起自己"。因此,新生代农民工生活的圈子仍然是老乡、工友。这样一来,大上海的城市文明似乎与他们无关。

在中国城市化进程中,新生代农民工们作出了巨大的贡献。从20世纪80年代的"百万民工下珠江",到现在的数以亿计的新生代农民工奔赴全国各大中城市,他们的汗水见证了中国城市化之路。然而,他们中绝大多数人并没有融入城市。郑州一位律师说:"我父亲20多年前就到郑州来打工了,今年年逾60,尚未取得郑州户籍,仍没有改变他的农民身份。"

融入城市应该从城市户口开始。有专家认为,纵观世界各地的城市化进程,可以看到城市化的重要功能是将农村户口转为城市户口。显然,新生代农民工落户城市的问题不可能一朝一夕解决,它是一个渐进的过程,随着社会的发展,门槛也一定会越来越低。在这一过程中,我们可以探索一些新的形式让新生代农民工融入城市,享受一些同等待遇。

社会公平问题不是简单的"不患寡而患不均"的问题,而是国家制度设计的缺失。国家制度应该很好地保护弱势群体的利益,使他们享受社会公平。在城市的街头,那些行色匆匆的人群中,有新生代农民工的背影,在热闹的工地上,新生代农民工洒下了汗水。他们选择背井离乡,选择吃苦受累,是为了走进城市、融入城市、享受城市生活,这应该是天赋人权。

(三)新生代农民工融入城市的障碍因素

新生代农民工融入城市的过程,是一个不断消除城市社会对他们的社会排斥,使新生代农民工在政治、文化资源的享用、制度性保障和自我发展与社会认同等方面获得与现有的城市市民同等的地位与机会的过程。促进他们的城市融入,有利于防止新生代农民工群体的边缘化倾向,实现不同社会阶层间的合理流动,防范和消除隐性存在的城市二元结构,从而为最终实现新生代农民工向市民的身份变迁提供基础。在针对郑州的调研中,我们发现在新生代农民工城市融入方面存在着以下几个方面的障碍因素:

1. 相对贫乏的经济基础。据调查,2008年,郑州市区职工人均纯收入为21600元,即人均月收入1800元,而城市新生代农民工人均月收入为1080元,两者收入比是1.67:1,新生代农民工的月收入与城市职工的平均月收入存在着较大的差距。受经济资源不足的制约,新生代农民工要想提升自身素质,在文化教育、生活方式、社会交往、思想观念上实现向市民的转变的过程中缺乏相应的物质支持,因而,也难以实现与城市市民的衔接与融合。

2. 相对封闭的社会文化交往网络。传统的中国乡土社会在习惯上特别注重以家庭和地域为纽带的"亲缘"、"地缘"关系。这种对"亲缘"、"地缘"关系的重视,影响着人们的生活方式和社会交往方式,成为一种乡土"习性",并具有很大的惯性。新生代农民工们虽然工作在郑州,生活在郑州,与郑州的市民交往却很少,更难说已经融入城市,他们依然游离在城市市民和城市社会的主流以外。

3. 相对低下的就业素质。近一个时期以来,新生代农民工的受教育程度虽然与第一代农民工相比有了很大的提高,但与同龄参与就业的城市青年相比,差距仍然较大。调查显示,教育程度在初中及其以下的新生代农民工占80%以上,高中及其以上的不足20%。教育程度的低下制约了新生代农民工的职业发展潜力。调查中进一步发现,由于受到生存性压力和超负荷劳动的制约,他们很少有资金和时间为自己"充电"再提高,没有能力提升自己的人力资本价值。低学历、低技能、低社会关系的现状,致使他们只能在低就业市场以出卖简单劳动为主谋职业。

4. 相对缺乏的社会保障。调查发现,相当多的新生代农民工没有享受到城市居民普遍享受的各项劳动权利和社会保障。问卷显示,43%的新生代农民工没有"签订劳动合同",68%的新生代农民工没有"工伤保险",46%的新生代农民工觉得"同工不同酬",65%的新生代农民工没有"双休日",70%以上的新生代农民工没有享受"带薪休假"。一旦遇到困难,最大的可能是"个人想办法"(约占60%),"找老乡帮忙"的占25%,而"寻求政府、媒体、法律机构及各级组织帮助"的加起来不足15%。由此可见,这个群体尚未获得法律上的支持,以致在极端的情况下,行为失范,成为社会的不稳定因素。

5. 相对阻隔的政治参与。例如:新生代农民工在郑州已约占到总人数的1/3,但他们却缺乏相应的政治参与途径和表达愿望、反映诉求的通道,总体上没有获得相应的政治地位。在社会生活中,基本上处于"失语"状态。调查显示,参加党团工会组织活动的不足30%,参加其他社团活动的约占25%,基本上没有人参加各级人大、政协等政治组织的活动。政治参与匮乏,使他们成为"沉默的大多数"。

6. 相对矛盾的城市认同心理。经济资源、社会交往、政治参与、权益保障和自身素质等方面的缺失与不足,使他们在面对城市时,带着普遍的矛盾心理,在"城里人"或"乡下人"的身份认同上,表现出尴尬。农村与城市的"推拉"作用,形成了他们现实生活中"被挤压"的状况,成为漂移于城乡之间的"候鸟式"的独特社会群体。

尽管新生代农民工在城市化的道路上遇到诸多障碍,但这一问题毕竟是客观存在,因此,从宏观和微观两个层面上入手,循序渐进,有条不紊地解决这个问题,应是决策者们分内的事。

第八章
全社会都要关心新生代农民工

一、新社保曙光初照

（一）社保不应成为空中楼阁

2008年6月,来自河南的17岁小保姆徐萍萍(化名)在北京某雇主家不幸坠楼身亡。她们悲痛万分的父母徐某夫妇认为家政服务中心的经理和上级单位某街道办事处以及徐萍萍的雇主李先生均应对女儿的死承担责任,便将这三方告上了法庭,要求上述三方赔偿他们的损失,共计36万元。北京市丰台区法院受理了此案。

在法庭上,针对徐某夫妇的起诉,三方被告分别提出了自己的答辩意见。街道办事处认为自己不是家政服务中心的主管部门,而家政服务中心认为他们只是中介机构,不应该对死者承担连带责任,而雇主认为,他出于同情,已经为死者承担了部分费用,如果继续承担义务没有法律依据。庭审进行了两个多小时后,宣布休庭。

小保姆擦窗不小心坠楼,使得与之相关的三个方面都陷入了尴尬的窘境。于是媒体将公共的视线引到了社会保障方面。据有关方面介绍,仅在上海市,目前共有保姆50多万人。但是,2009年9月1日在上海实施的《上海外来从业人员综合保险暂行办法》的规定却将从事家政服务人员"排除在外"。另外媒体也提到,由于为新生代农民工设立的社会保险有许多"特殊安排",致使不少新生代农民工无法参与社保。

其实,社会保险的根本问题是资金问题。一般来说,社会保险基金是由雇主和雇员共同储存的,并且交由政府进行管理。这样,雇员在遭遇风险时就可能得到较多的保险金。当然,有时社会保险基金也会因种种原因出现了亏空,但按照国际惯例,必须用国家财政的钱来托底。

由雇主和雇员共同出资并由政府来管理的社会保险制度通常都是从

产业工人做起的,尤其是"体制内"的企业,因为在他们那里容易实行,产业工人有固定的工资,企业只要代扣即可。而对于新生代农民工来说,政府管理的成本就会显得很高,因而像保姆之类的零散农民工就很难包括进去。

在城市就业的新生代农民工,其工作流动性大,他们目前没有建立个人的帐户。而且,由于起付标准高,能够交得起的人不多,再加上新生代农民工还担心用人单位交纳了保险费会影响自己的工资收入,他们大多都没有加入各种社会保险。

社会保障制度在历史上有两个里程碑:一是德国俾斯麦时期首创的社会保障制度,二是1935年美国建立的全面社会保障制度,并将社会保障制度化。在社会保障制度的发展过程中,第二次世界大战是个分水岭。第二次世界大战以后,社会保障进入到另一个阶段,福利国家纷纷出现,其先锋是英国,发展最好的是瑞典。享受社会保障制度的优越性,是每一个公民的基本权利,当这项制度允许一类人参加,而把另一类人排除在外,就会产生不公平。这样,社会保障制度就会变成一部分人的"特权"。

目前,新生代农民工之所以被挤在"社保"之外,其主要原因就是现在的社会保险制度把雇主与雇员捆得太紧,没有雇主交纳保险金,雇员就不能参加这项制度。如果换一个思路,雇员按照规定向政府的社会保险机构交了他们应该交的保险金,就被承认参加了社会保险,而雇主应交的保险金不妨按税收的办法,根据利润累计由政府征收。按照这样的思路来设计制度,所有的劳动者,不论其什么身份,也不论来自何方,就都有了参加社保的机会。这样一来,恐怕就不会再出现保姆坠楼后无人过问、相互推诿责任的情况了。

2008年6月,豫西栾川县的新生代农民工周涛(化名)在上海某工厂打工,不慎被同事周斌(化名)驾驶的装卸车轧伤脚踝,治疗两个多月后,先后花费了8000多元,向厂方讨要工伤期间的工资时,厂方却拒付。后来周涛又多次讨要,厂方一直不答应,并声称,如果周涛继续讨要,厂里就将他除名。无奈之中,周涛只好吃哑巴亏。

据了解,很多规模不大的企业效益不稳定,流动性大,他们常常在城市间流动,经常人去楼空。因而,许多新生代农民工尽管明知吃亏,但却无奈。只有加入社会保险,新生代农民工才有保障。

值得庆贺的是,各级政府都在为之努力着。例如,郑州市政府于2007年11月颁布了市政府第170号令,正式施行《郑州市高工伤风险企业农民工工伤保险办法》,要求在本市行政区的高工伤风险企业均应为其雇用的

农民工办理工伤保险手续,并按照工伤保险经办机构核定的缴费额按时足额缴纳工伤保险费。同时规定,农民工个人不交纳工伤保险费。这个办法实施几年来,收到了良好的效果,受到了新生代农民工的高度赞颂。

(二) 全民医保并不遥远

如今,医疗、教育、住房已成为压在普通老百姓头上的三座大山。老百姓,特别是新生代农民工迫切需要推翻这三座大山,他们深受看病贵、看病难之害。

新生代农民工劳动强度高、收入低,工作环境、职业安全、居住条件、饮食卫生均较差,极易引发食物中毒或传染病。患病后,他们不能到正规医院就诊,以致耽误治病的黄金时间,将小病拖成大病,有的甚至会影响生命。由于新生代农民工的生存环境差,具备流行疾病的传播条件,他们往往会成为传染病爆发的高危人群。同时,营养不良、疲劳和免疫力下降等还会诱发结核病以及其他职业病。

面对新生代农民工这个特殊群体现在的境遇,许多有识之士建议政府应该把新生代农民工的医疗问题当成重中之重。在全国的"两会"期间,全国政协委员、郑州大学第二附属医院院长杨利霞等人提出,目前我国医疗保障的覆盖面太小,特别是一些急需保障的弱势人群被卡在医保"门槛"之外,同时个人承担比例过高也使得保障质量打了折扣,而此背后隐藏着现行医保体制运行不良的因素。他们建议,解决老百姓看病难、看病贵的困局,需要由国家、社会团体、个人等多方促成的医疗风险承担机制。也就是说,要建立一个适应社会不同年龄、不同群体、不同层次需要的医疗保障体系,即全民医保体系。

我国目前在城镇实行的是城镇职工基本医疗保险制度,其覆盖范围是城镇所有用人单位及其职工和退休人员,主要包括行政机关、党群部门、政法机关、事业单位和各类企业组织等。而在农村,目前正在推广新型农村医疗合作制度。据权威部门统计,全国城镇医疗保险覆盖的城镇职工只有2亿多,而在农村参加新型农村合作医疗的人口不足一半,也就是说,全国尚有5亿以上的人口被挡在医疗保险的大门以外。尤其是新生代农民工,即便是参加了新型农村合作医疗保险,但由于长期在外打工,也无法享受这一惠民制度带来的好处。

"被卡在门槛之外的恰恰是最需要医疗保障的弱势群体。"杨利霞指出。新生代农民工收入低下,他们因交不起医疗保险费而不能加入医保,而他们是最需要参加医保的人群。他们的微薄收入仅仅能用来生活,根本看不起病,与庞大的人口数量相比,他们参加医保的仅仅占很小一部分。

据了解,目前我国医疗费用占 GDP 的 5.7%,但由于我国整体医疗制度存在着缺陷,以及医疗保险基金监管和使用中存在着问题,即使是参加了城镇职工医疗保障制度和新型农村合作医疗的那部分人,在看病报销上还存在着一定的困难,医疗保险的作用没有得到切实的体现。而反观外国,英国的医疗费用占 GDP 的 7.6%,却做到了全民免费治疗,新加坡甚至只用了占 GDP 3% 的医疗费用,也实行了全民医保体制。相形之下,我国的医疗资源使用得非常不合理,医疗保障制度也没有切实减少社会弱势人群在看病问题上的忧虑。为此,杨利霞等人提出:

1. 筹资渠道尚待拓宽。面对13亿人群医疗人均费用不断增高,单靠国家财政负担,显然不够现实。只通过广泛的人群、广泛的渠道,医疗保险费用的筹集才不会捉襟见肘。同时,由于我国的社会商业医疗保险市场还没有充分开发,而作为在医疗保险基金筹集中扮演重要角色的社会机构和企业,还没有发挥应有的作用。

2. 制度建设仍需完善。长期以来,我国的医疗卫生体制建设按照城乡、所有制、就业状态等分别组织实施,处在不同区域的不同人群享受的待遇极为不同。我国的城镇职工基本医疗保障制度规定:医疗保险费用由单位与个人共同缴纳。这样的规定把许多新生代农民工排除在外,使他们无法享受制度的优越性。

3. 医疗服务应分层次。国际的通行做法是,将医疗卫生服务分为公共卫生、基本医疗服务和非基本医疗服务三个层次,这三个层次各有所责,泾渭分明,这对于我们现在的医保政策有很重要的借鉴意义。

4. 多元化筹集资金。资金是医保实现的重要条件,在资金的筹集上是该由政府、社会和个人三方面着手,将筹集来的资金作为医疗保证金,补充医院在这方面的亏损。

(三)养老:全国呼唤"一盘棋"

目前,我国已经进入老龄化社会,60 岁以上的老人已经超过 1.5 亿,养老已经成为我国社会的大问题。

纵观古今,中国的各朝各代都注重赡养老人,做得最好的要数汉代。西汉初期,国家刚刚恢复安定,皇帝就颁发了养老诏令:凡 80 岁以上的老人均可享受"养衰老、授几杖、行糜粥饮食"的待遇,凡 50 岁以上的子民,若人品好,又能带领大家向善的,便可担任"三老"职务,由乡而县,与县令丞尉"以事相教",尽免徭役,每年 10 月还赐酒肉。到了汉成帝时,又将年龄

80岁改为70岁,规定"年七十以上杖王杖,比六百石,入官府不趋"。当时的"六百石"者为卫工令、郡丞、小县县令,相当于现在的处级干部。也就是说,那时70岁以上的老人可以享受处级干部的政治待遇,持王杖入官府可以不拜,与当地的官员平起平坐。

也许是受汉代的影响,后来各王朝的老人待遇都有不同程度地体现,中华民族逐渐形成了敬老养老的传统美德,"老吾老以及人之老"便是金玉良言。

世界各国养老保障制度都建立得比较晚,但发展迅速,目前建立了养老制度的国家有130多个。由于经济、社会背景及文化传统的差别,各国实行的养老保障制度呈现出了很大的差别。瑞士现行的养老保险制度建立在三个支柱上:第一个支柱是政府对老人、遗属和伤残人支付的基金养老金,第二个支柱是企业职工养老保险基金,第三个支柱是个人投资养老保险制度。这三者互相补充,共同形成了独具特色的养老保险制度。从1966年起,瑞士国民每月可以领到2000~6000瑞士法郎,做到了老有所养。日本从1942年开始推行养老保险制度,1961年建立了基础养老金制度,规定20岁以上的国民有义务缴纳基础养老金,日本从此实现了"全民皆有养老金"。在日本,国民养老金和原生养老金的征收是强制性的,国民养老金的资金来源于个人缴纳的保险费和国家财政预算,原生养老金和共济养老金则由个人和企业对半分担。养老金制度的不断发展和完善为日本创造了稳定的社会环境。

中国的养老保障制度,最先是为城市人设定的。在相当长的时间内,农民的养老问题一直靠家庭养老,这不仅影响了农业的发展,也成为了社会发展的桎梏。改革开放以后,许多农民离开家乡到城市务工,他们在城市贡献了青春之后,养老却没有着落。在调查中,一位来自河南省淅川县的新生代农民工告诉笔者:"我们农民工在城市之间流动,很少在一个城市长期生活下去。如果运气好的话,有老板会给我们买份保险,但离开这个城市的时候,我们却只能把养老保险账户里的钱取出来带走。"

获得社会保险的保护,是宪法赋予农民工的一项权利。我国宪法第45条规定:"中华人民共和国公民在年老、疾病或者丧失劳动能力的情况下,有从国家和社会获得物质帮助的权利。"现代社会转型催生了庞大的民工群体,他们的权益是否有保障,关系到中国社会未来的现代化是否合理、健全。建立符合新生代农民工利益的社会保障体系,尤其是建立新生代农民工的养老制度,已成为迫在眉睫的大事。

新生代农民工群体的特点使其无法适应现行的城市社会养老保险制

度。而且,将数目巨大的新生代农民工强行纳入城市养老保险体系,也必然会给城市养老保险体制带来强大的冲击。探索新型的专门针对新生代农民工的养老保障制度,应当鼓励商业保险发挥其特长和优势。河南省保监局的负责人认为,商业保险机构参与运作新生代农民工养老,有利于新生代农民工养老权益的维护,其优点有六条:一是有利于满足新生代农民工的参保要求,二是有利于提高统筹层次,三是有利于保险基金运转安全,四是有利于降低运行成本,五是有利于控制运营风险,六是有利于开展"三农"保险。令人欣慰的是他们已经在郑州、信阳等市进行试点,相信不久的将来,一个覆盖全体新生代农民工的养老体制会建立起来。

二、人们在关注着新生代农民工

(一)学者为他们出谋划策

清华大学人文社会科学院院长李强教授常常以社会学专家的眼光为解决社会问题提供学界的建议。他指出,大部分农民工不是流动人口,他们有固定的职业、固定的收入以及相对固定的住处,如果让他们在城市里定居,稳定在非农产业,鼓励他们放弃或转租土地,那么留在农村的从事粮食种植业的农民的收入可以提高40%以上,在未来的20年里,从事粮食种植业的农民收入还可以提高30%以上,如果有了这个结果,所谓的"三农"问题将不复存在。

李强强调,至于社会保障问题,只要我们下决心改革相关制度,对国民收入分配比例进行调整,新生代农民工的社会保障是不会有问题的。为此,他做过数据分析,中国农民工在中国城市化过程中放弃的土地财产权的价值远远超过了3万亿元人民币,也远远超过目前我国的社会保障资金和总规模。如果因为社会保障问题,而把他们排除在城市社会保障的大门之外,就得不偿失了。他呼吁,在城市化和土地制度方面进行改革,不会也不可出现大问题,关键在于我们有没有行动的魄力。

对于新生代农民工城市就业问题,李强教授建议:要改变现存的对非正规就业的各种制约因素,必须切实转变观念,建立健全促进非正规就业的机制,形成有效的管理服务机构。他还建议:管理体系的主管部门要明确,避免多头管理,政出多门;建立纵横交错的服务网络,连点成线,连线成网,形成规范的管理网络;要发挥城市社区的作用,将社区作为政府和就业人员沟通的基点,给社区更大的权限。他还呼吁,应该完善法律,切实保障新生代农民工权益,保证良好的法律环境。

"军人的理想是马革裹尸,我最大的愿望就是累死在书桌上。"这是当代中国著名的经济学家林毅夫的一句名言。如今,林毅夫已前往世界银行,离开了他在北京大学中国经济研究中心主任的位置,担任世界银行副行长兼首席经济学家。

早在2002年,林毅夫就指出,中国的"三农"问题出路在于农村剩余劳动力的转移,将大量的农村剩余劳动力转移到城市里去,发展劳动力密集型产业,这既可增加农民的收入,又能使生产的产品在国际上增加竞争力,缩小城乡的差距。他指出,在转移农村剩余劳动力方面,应该以大中城市为主,来提供非农就业机会。同时,对转移出去的农民工,要加强教育培训,使他们能够更好地适应新的环境,创造更多的社会价值。

作为中国第一位运用规范现代经济学理论和方法研究中国问题的经济学家,林毅夫对中国的粮食问题、土地问题、农民工问题都广泛地发表过意见。尤其是近几年,林毅夫提出的"建设社会主义新农村"、"穷人经济学"等,已经成为了中国政府的重要经济决策。

林毅夫把拥有9亿人的农村看成目前亟待释放的最大市场,他希望启动这个潜在的市场,让中国经济远离正在走近的通货紧缩。为此,他建议开展新农村建设运动,呼吁政府以积极的财政政策来拉动投资需求,保证农村经济的增长,消化我国过剩的产能,真正使广大农民增收。出身贫苦之家的林毅夫提出了"穷人经济学",他说:"我国当前贫富差距的主要矛盾不在于富人太富,而在于穷人太穷。"只有把制定政策面向穷人,穷人才可能脱贫。他相信,再过20年,中国会超过美国,中国的穷人将不再贫穷。

(二) 法律界全力支持新生代农民工

"真是太感谢了,我终于拿到了5万多元的工程款。"2009年8月24日,河南省息县新生代农民工魏某给河南省农民工法律援助工作站打来电话,述说自己的感激之情。

2009年1月7日,息县八里岔乡魏某称其2007年4月带领的劳务队到山西省左权县盛世花园打工,同年8月完工后,业主强行扣除工程款8万多元。魏某为了让带来的农民工带着工资回家过年,违心地在协议上签了字,但他认为协议结算有失公平,便将业主诉至法院,请求判决业主再付工程款64733元。左权县法院一审后,判决业主再向魏某支付工程款57973.2元。业主不服,又提出上诉。河南省农民工法律援助工作站派专人为魏某提供法律援助,终使晋中市中级法院维持原判,为魏某讨回了5万多元工程款。

笔者从河南省第六次律师代表大会上获悉,近5年来,河南省律师协会农民工法律援助工作站免费为农民工办理200余起维权案件,为农民工讨回工资款数千万元。

为了维护农民工的合法权益,河南省律师协会面向全省征集团体志愿者和个人自愿者,截止到目前,全省已有134个农民工法律援助团体志愿者(法律事务所)和420名个人志愿者(律师)在工作者的协调下工作,初步建立了全省农民工维权志愿者律师网络,使更多的农民工得到了及时的法律援助,有效地维护了新生代农民工的合法权益。

据报载,2008年河南信阳律师团赴新疆替信阳农民工讨回600多万元工资。信阳籍农民工在新疆有10余万人,每到春节,许多农民工领不到工资。因为领不到工资,农民工情绪不稳定,经常采取过激的形式非法讨薪,在当地也造成不良的影响。

信阳市司法局领导得知后,立即向信阳市委、市政府汇报。2008年底,受信阳市委、市政府指派,由信阳市司法局副局长、高级律师张慧华带队,带领6人组成的律师团到新疆为农民工讨薪。

经过排查摸底,他们了解到信阳市平桥区的农民工带领的工程队在当地被拖欠的工资最多,高达200万元。业主单位以种种理由推诿,眼看到了年底,农民工的工资仍没有着落。律师团在收集完证据后,以信阳市法律援助办公室的名义,向新疆生产建设兵团法律援助中心、新疆维吾尔自治区法律援助中心送上了正式文件,并通过合法渠道将讨薪的要求送到自治区领导那里,引起了新疆维吾尔自治区政府的重视,问题很快得到了解决。然后,他们再接再厉,仅用了16天,就为信阳籍农民工讨回了600多万元钱。拿到工资的信阳新生代农民工丘某激动地说:"感谢家乡政府派来的律师团,我们可以安心回家过年了。"

"虽然吃了很多苦,但看到家乡父老脸上的笑容,这趟差事,值了。"信阳司法局副局长张慧华说,"我们不仅讨回了600多万元钱,更重要的收获是我们为农民工创立了一个绿色维权通道,开辟了一个新的模式。"

据大河网报道,河南省司法厅日前出台了《河南司法行政工作便民利民措施》,包括司法行政综合、监狱劳教、法律服务、法律援助等5个方面、共20项内容。按照规定,法律援助方面有一项便民措施:只要持有民政部门发放的《城市居民最低生活保障证》、《农村居民最低生活保障证》或《农村特困户救助证》的农民工请示支付劳动报酬、工伤赔偿和人身损害赔偿的,可以免费代理,直接提供法律服务。

北京市中闻律师事务所主任吴革是河南人,对豫籍新生代农民工在北

京的维权活动一直很热心。他说,新生代农民工是新型的工人阶级,在城乡二元格局的转型与市场经济的互动中,基于社会的歧视和法律保障的缺失,新生代农民工权益屡遭侵害,困扰着社会的和谐发展。探究新生代农民工权益法律保障缺损的深层原因,以期构建新生代农民工权益保护的法律途径,是每个法律工作者的义务。

对此,河南省公安专科学校副校长师维深有同感。他说,经济发展的市场化、社会化,使得人口流动成为社会发展的必然趋势。在这个过程中,新生代农民工作出了巨大的贡献和牺牲,但其权益保障一直存在缺损问题,这是社会经济进程中的不和谐之音。他们的权益保障缺损很容易导致违法犯罪的行为发生。如果我们做到防患于未然,把新生代农民工的权益保护作为"稳定器"、"减压器"与"调节器",则一定能够让他们在享受社会公正的同时,更好地发挥创造作用。

(三)新闻界、文艺界为新生代农民工鸣不平

在众多的新闻媒体中,《南方周末》作为一份发行量突破130万份、影响600万知识型读者的综合类周末版报纸,舆论监督为其鲜明特色。他们坚持"正义、良知、爱心、理性"的诉求,坚持为"三农"讲真话,"让无力者有力,让悲观者前行",起到了反映社会、激浊扬清的效果,深受新生代农民工的喜爱。

河南的《大河报》发行也逾百万,作为一个拥有上亿人口省会的都市报,这家报纸也非常关注民生,特别是关注新生代农民工,其关切的程度从标题上即可见一斑:《农民工维权费用将获减免,我省将对涉及农民工司法鉴定减收费用》、《农民工服务月活动在杞县启动、河南农民工京城展风采》、《省希望工程〈大河报〉联合举行农民工子女关爱行动》……

《大河报》还义愤填膺地发表过一篇评论,题目是"农民工咋就成了鲁滨逊",现摘抄于下:

> 2008年底,经一名李姓包工头介绍,23名民工答应去长江南京水域的潜洲岛打工。到岛上后,发现这里荒无人烟,打工内容竟是割芦柴。不久,包工头李某不见了,带来的船也不见了。一开始,他们以为李某忙事情去了,也没在意。白天,他们割芦柴,晚上就睡在临时搭建的几间帐篷工棚里,每晚都冻得直哆嗦。9天过去了,带来的米、面、菜都吃完了,大伙实在熬不下去。幸好一名民工带了手机,于是迅速拨打了110,南京水警支队出动冲锋艇,将他们解救出来。

真是耸人听闻！要是他们没有通讯工具，或者岛上没有信号，这群民工的命运不堪设想！民工为何被整成了鲁滨逊？包工头肯定是罪魁祸首，民工是其雇请的，可为什么又对他们不闻不问了呢？很可能是他花言巧语将民工骗到岛上干活，但后来发现情况有了变化，不需要了，为了不支付工钱，干脆逃之夭夭。这种做法不仅应受到道义上的谴责，还应受到相关法规的制裁。

这件事情也给有关职能部门敲响了警钟。在就业压力越来越大的背景下，很多民工不得不"铤而走险"去干活，今天是"鲁滨逊"，没准明天还会出现"白毛女"。要切实维护民工权益，要做的工作还有很多。要严厉打击非法用工行为，还应加强对务工人员的宣传教育，使其了解相关法规，懂得自我保护。

总之，我们不能再让随意欺骗农民工的悲剧重演了。

著名作家贾平凹是从陕西农村走出来的，30多年来，他一直关心农村、农民。最近他以其一贯的慈悲心态、一贯的淡定笔致打开了一幅令人眼花瞭乱的城市生活画卷，为我们讲述了一个密布着冲突、错位、荒谬、伤疼、病象而又情真意切的当代故事，用白描手法写出了长篇小说《高兴》，穿透小说中的故事、人物、命运，留给读者一场欲哭无泪、令人欷歔的人间悲喜剧。

贾平凹在小说中写了刘高兴等来自农村、流落都市的拾荒者的命运，同时也涉及了城市底层中的各种人群，有乞丐、民工、妓女等。这些人都有一个共同的特点：在城市里艰难地生存。作品在描写他们的生活困境的同时，着重关注他们的理想、追求和爱情。

《高兴》是对城市底层人群的生活记录，作家揭开城市灯红酒绿的面纱，直视农民工的生活状态。这些人被生活压得无暇反思自己命运的悲剧本质，甚至为一些微不足道的所得而高兴，而他们的内心却隐藏着深深的悲凉。贾平凹在创作上用"含泪的笑"的深度，展现了当代农民工的生活画卷，使读者看到了作者关注社会、关注民生的博大胸怀。

不仅是贾平凹，还有许许多多的诗人、作家也把目光投到了生活在社会底层的新生代农民工。河南安阳的下岗工人、诗人王学忠，以自己敏锐的感觉，将笔触伸向人们平时很少关注的小人物，领着读者去感受那些不分白天黑夜挥洒血汗泪水的民工、摊贩、三轮车夫，去倾听身心疲惫的他们头上的疼与痛，用诗歌喊出了处于社会边缘状态、生活于社会底层人们的痛苦而悲愤的声音。

打开王学忠的每一本诗集，我们可以从标题上看出，他的题材都是来自生活，是现实生活的真实写照，如果把这些标题连接起来，就像是一篇文

章。例如:《中国民工》《三轮车夫》《建筑师的思考》《劳动者》《遭遗弃的日子》《工人兄弟》《今年冬天不冷》《城市拉煤工》《一帮姐妹兄弟》《一路顺风》《小商贩儿》……这些诗,不同于象牙塔中的低吟浅唱,不同于安乐窝里的强自说愁,而是作者从掉在地上摔八瓣的汗珠子里蹦出来的,是从艰辛坎坷的生活荆棘丛中扯出来的,给人一种震撼的力量。

三、全国将有一场"新市民"运动

(一)共青团组织是新生代农民工的引路人

伴随着我国经济社会的全面发展和工业化、城市化进程的加快,越来越多的农民工远离家乡,走进城市,用自己的力量创造了中国快速发展的奇迹。对于新生代农民工这一庞大的群体,共青团组织一直都给予极大的热情,高度关注他们的成长。早在2006年,团中央就联合了十二个部委,制定了《关于深入实施"进城务工青年发展计划",进一步加强新生代农民工工作的意见》,明确提出了当前服务进城务工青年着力要做好的十项工作,包括:(1)实施"联校助学活动"项目。联系民办学校、职业院校和其他社会培训机构与之成为培训合作单位,发挥学校专业和师资优势,为进城务工青年提供短期实用的综合培训服务。(2)推出"助企培训活动"项目。推动建筑、采掘、纺织、服务等重点行业对进城务工青年制订培训规划,统一培训标准,建立流动学校,推动系统行业、用工单位开展岗位技能、安全知识等培训。(3)启动"强村实践活动"项目。争取经济强村支持,选拔优秀进城务工青年参加学习考察实践,学习建设新农村的做法和经验,开展返乡创业实用技术培训,推动进城务工青年提高职业技能等。

河南省是发展劳务经济的最大受益者,又是全国新生代农民工问题最多的省份。长期以来,共青团河南省委把做好新生代农民工工作当成河南全团工作的重中之重。

1. 创新组织建设

创建驻外团工委是河南共青团组织的一个创举,在整体组织架构上改变了以往单个团组织力量不足的问题,最大限度地扩大了对外务工团员青年的组织覆盖和吸引凝聚。

驻外团工委建设是共青团基于市场经济条件下青年群体和整个社会发生的一系列新变化,做出的一个重要探索,对于进一步汇聚在外团员青年的智慧力量,有着重要的推动作用。驻外团工委着眼于务工青年文化、情感、发展等方面的现实需求,切实服务务工青年多样化需求,为务工青年提供了切实有效的帮助。截至2009年底,河南省建立省、市、县三级驻外团工委403个,驻外团工委、团总支、团支部9000多个,有效覆盖和影响务工青年近490万人、团员近36万人。

2. 扩大就业渠道,提升就业、创业竞争力

近几年来,共青团河南省委始终坚持"党政要求、青年需求、共青团能为"的原则,努力做好新生代农民工的技能培训、岗位对接、创业扶持和基地建设工作。

(1)千方百计做好岗位对接工作

共青团河南省委利用共青团组织的网络优势,加大不同层级、不同区域、不同行业团组织的协作力度,在统一的青年就业平台上,为新生代农民工提供就业信息,引导新生代农民工在省内实现跨市、跨行业就业。同时,他们还在巩固与上海、北京、江苏、福建、浙江等地团组织合作关系的基础上,开辟了与深圳、天津等地团组织的合作,实施工岗快递组织化发动、市场化运作、规模化转移、一体化服务的运作机制,推动输出地团组织与输入地团组织的工作对接,为新生代农民工提供了60多万个就业岗位。

(2)及时提供创业扶持

新生代农民工就业创业是一项难度更大的工作,共青团河南省委迎难而上,创新服务思路,营造创业氛围,组织了不同层次的"青年创业大讲堂"、"青年创业知识竞赛"等活动,选树、表彰了一批青年农民身边的创业典型。他们采取了市场化运作的模式,加强与农业、科技、教育、劳动等部门的合作,充分挖掘社会资源,为青年农民创业提供政策、融资、营销、法律等全方位的服务。他们还与金融部门合作,深化"青年创业小额贷款"项目,为青年农民创业贷款提供利率、担保、授信、贴息等方面的优惠。

3. 关爱农民工子女

河南省作为"农民工第一输出大省",有近2200万农民工在省内外各行各业建功立业,为城市的发展和社会的进步作出了不可磨灭的贡献。在这些新生代农民工兄弟的身后有数百万的未成年子女,他们有的留守在农村,有的跟随父母流动在城市,在学习、成长中,或多或少存在着亲情缺失、学业失教、安全失保等问题,这不仅影响孩子们的健康成长,也事关和谐社会建设的进程。共青团河南省委动用一切可能的力量、采取一切可能的行动为农民工子女撑起一片温暖的天空。

(1)行动成为关爱主导

多年以来,河南各级共青团组织始终坚持把关爱农民工子女作为共青团履行基本职能、体现社会责任、促进社会和谐的重要举措,尤其是2010年

"五四青年节"前,按照省委"四个重在"的要求,共青团河南省委下发了《关于扎实开展"共青团关爱农民工子女志愿服务行动"的实施意见》,以青年志愿者行动这一品牌工作为主要载体,针对农民工子女在学习、生活、思想上存在的实际困难和问题,采取组织化动员、社会化运作、项目化实施的方式,团结凝聚广泛的志愿服务力量为广大农民工子女提供学业辅导、亲情陪伴、感受城市、自护教育、爱心捐赠等方面的志愿服务。

(2)帮扶奉献爱心

通过发放"爱心卡"、"心愿卡"等形式,河南各级团组织深入调查摸底,初步建立了一批农民工子女档案,并根据农民工子女的生活状况和实际需求重点招募以在校大学生、机关干部、教师、医生、法律工作者为主体的志愿者,充分发挥各级团组织、青年联合会、青年企业家协会、民间志愿者组织等组织和"青年文明号"集体的作用,按照"青年志愿者(或团队)+农民工子女(或班级)+接力"的结对帮扶模式,组织青年志愿者与农民工子女建立结对关系,并建立接力机制,形成长期有效帮扶。截至目前,全省各级团组织和志愿者组织共发放"爱心卡"2万多份,结对6769对,形成了志愿者、家庭、学校、社区"多位一体"的帮扶网络。

(3)创新项目帮助成长

为贴近农民工子女的实际需求,丰富关爱行动的内容和形式,河南各级团组织精心设计服务项目,全方位地为农民工子女的健康成长创造环境。北京、江苏等驻外团组织开通"共青视窗、亲情传递"视频对话交流系统,让新生代农民工免费通过网络视频定期与家乡的孩子们对话、交流,缓解他们对父母儿女的思念。焦作市开展"留笑脸寄父母"活动,组织青年摄影家协会会员为农民子女免费照相,并把照片寄给他们的父母。信阳市建立了"信阳市青年志愿者关爱农民工子女服务站",邀请心理咨询专家为农民工子女开展自护知识讲座。济源市开展"走进新济源、感受新济水"的城乡一体化及旅游景区一日游活动,分批组织进入城市的农民工子女到爱国主义教育基地接受革命传统教育,到旅游景点感受厚重河南,到博物馆、科技馆学习科普新知识,到父母工作所在地感受父母艰辛,帮助他们尽快融入城市生活。

(4)广泛宣传整合资源

为扩大共青团关爱农民工子女志愿服务行动的影响力,实现社会各界志愿者上下联动、横向联合、资源整合,共青团河南省委专门建立了河南关爱农民工子女志愿服务行动专题网页,并通过河南共青团网、河南志愿者网、河南青年手机报、河南手机 WAP 网站"团聚网"等新兴媒体,发布各地关爱农民工子女新闻、志愿服务项目和农民工子女的心愿等,面向社会招募关爱农民工子女的志愿者,宣传农民工子女在学习、生活等方面遇到的实际困难和他们自强不息的精神,挖掘关爱行动中的典型人物和先进事迹,在全社会营造了关注、关爱农民工子女成长的良好氛围。

良好的社会氛围促进了共青团河南省委各项募集活动的顺利开展。"牵手·农民工子女关爱行动"、"牵手农民工子女·希望工程关爱行动"等活动募集的社会资金先后为郑州、开封等地20余所农民工子女集中的学校援建价值100.8万元的"希望图书室",为10所学校免费赠阅了全年《中小学电脑报》500份,价值5.7万元。

(二)"新市民"之路已经开辟

新市民是农村进城务工人员、城市下岗人员和兼职的异地在校大学生等群体的集合。

新市民是我国城市建设的主力军和生力军,他们为我国城市的现代化建设流血流汗,贡献自己的聪明才智,立下了不可磨灭的功劳,理应受到尊重,理应享受与城市居民同等的权利和待遇。但由于历史的原因,他们一直戴着"外来者"、"农民工"的帽子,难以享受平等公正的待遇。

2006年2月15日开始,青岛市为了使120万外来务工人员享受与市民平等的待遇,提高他们的社会地位,将外来务工人员改称为"新市民",其子女称为"新市民子女"。取得暂住证的"新市民"可享受保险、房贷、考驾照、出国旅游、子女入学等待遇。

这个虽然迟来但终以到来的政策,不啻是一声春雷,震撼着亿万新生代农民工的心。"新市民"这个崭新的称谓,体现了青岛市政府对亿万新生代农民工的尊重!他们的率先垂范,将载入中国的史册!人们期待着全国所有的城市,都能消除对外来建设者的一切歧视,取消城乡不同的户籍制度,让新中国共同的建设者享受同等的待遇和权利。

户籍制度一直以来被认为是横亘在城乡之间的最大屏障,湖北省在2008年启动了"迎接新市民工程",对此进行了重大的突破。湖北省规定,除武汉中心城区外,在湖北省的县(市)和地级市城区、建制镇以及武汉远城区稳定就业,并有固定场所的农村劳动者,可获得城镇户口,享受与城镇居民相同的就业、社保以及子女义务教育等政策。据悉,一个省的农民工享受"市民待遇",这在全国还是首次。建设部部长汪光焘指出,现在城市接纳新生代农民工的条件已经成熟,未来几年,国家可能出台系列政策,使更多的新生代农民工成为城市人。相信随着政策的出台和落实,中国社会的和谐将会出现一个新的景象。

对此,复旦大学社会学系教授于海说,从"农民工"到"新市民",这不光是称谓的改变,更是社会态度的转变。对新生代农民工的歧视包含制度歧视和社会歧视两方面,现在从称谓上有了改变,新生代农民工从最初的被排斥、被歧视,到现在的逐步被认可、被接纳,并融入当地社会。

从"农民工"到"新市民",称呼虽然改变,但存在的问题仍不少,如新市民的文化程度与技能状况尚不适应提升产业水平的需要,流动性加剧,管理难度加大,新市民待遇问题突出,与老市民相比,他们的思想观念、文化程度等方面尚有一定的距离。因而政府应该采取对策,加速推进新市民的融合。

——素质融合。加大对新市民的教育培训力度,尽量缩小素质差距。利用各种阵地,对新市民进行文化知识、法律知识、岗位技能、道德规范等方面的教育培训。把对新市民的培训作为一项长期的任务,形成制度,常抓不懈,促进新市民综合素质的提高。

——环境融合。通过优化新市民生存发展环境,来达到融合的目的,在就业、医疗、教育等方面对新市民一视同仁,在雇用、提拔、待遇等方面同等考虑,在执法、处罚等方面同一标准。另外,要创造必要的条件,改善新市民的合法权益,保护弱势群体的切身利益。

——文化融合。开展丰富多彩的文化娱乐活动、主题宣传教育活动,丰富新市民的文化生活,凝聚他们的人心,建立情感沟通的渠道。用科学的、文明的、积极向上的优秀文化代替愚昧的、落后的、封建狭隘的糟粕文化,以此教育、感召、带动、激励新市民。

城市,过去已经给予了新生代农民工施展本领的舞台,今天也已敞开了胸怀容纳新市民。我们有理由相信,城市将来会是新市民实现新价值的平台,新市民也一定会"直把他乡当吾乡",真正融入城市。

(三)新农村建设是新生代农民工城市化的圆梦所在

早在2005年,党的十六届五中全会就提出了要按照"生产发展,生活富裕,乡风文明,村容整洁,管理民主"的要求,扎实推进社会主义新农村建设。几年来,全国各地掀起了建设社会主义新农村的热潮,河南省滑县按照"高起点规划,分步骤实施"的原则,促使各乡镇建设社会主义新农村活力迸发。

滑县位于豫北平原,与濮阳、延津、长垣、封丘、内黄接壤。它气候湿润,雨量较为充沛,适应小麦、玉米、大豆、花生、棉花、红薯等农作物的生长,是全国著名的农业大县。历史上以吕不韦、瓦岗寨而闻名于世。

近年来,滑县县委、县政府在调研中发现,滑县的农村单元经济不稳定,村民生活水平很低,相当一部分的经济收入来源于耕地,而且村庄里面没有自己的支柱产业,造成经济收入不稳定。由于耕地少,村庄里绝大多数年轻人都外出打工,留在家乡里大多是"386199部队",即妇女、儿童、老人,这对于壮大发展农村经济十分不利。

在此基础上,滑县县委县政府有针对性地提出了建设社会主义新农村的思路:必须坚持以发展农村经济为中心,进一步解放思想和发展农村生产力,促进粮食稳定发展,农民持续增收;必须坚持农村基本经营制度,尊重农民的主体地位,不断创新农村体制机制;必须坚持"以人为本",真正解决农民生产生活中最迫切的实际问题,切实让农民得到实惠;必须坚持科学规划,实行因地制宜,分类指导,有计划、有步骤推进;必须坚持发挥各方面的积极性,依靠农民辛勤劳动、国家扶持和社会力量的广泛参与,使新农村建设成为全党全社会的共同行动。他们在新农村建设中采取了切合实际的措施,整理宅基地,建设农民集聚区,即通过农村集体内部的宅基地整理,置换出新的住宅建设用地,按照新农村规划建设低层、别墅住宅的农村居住区,然后有计划地建设移民新村,组织农民"内需外迁",引导农民从边远乡村到交通发达的中心村集中。

按照这一思路,河南百得新农村建设投资有限公司董事长喻家合与滑县政府签订了合作协议,建设"特困青年大学生及特困户创业基地"。喻家合说,建设社会主义新农村的出发点是"减少农村,减少农民",这是一个系统工程。从资源基础和产业选择的角度分析,这个系统的经济逻辑及循环机理可以概括为"三化",即进化、退化、异化。

喻家合说,所谓进化,是指传统农业的进化。在资源条件好的地方改造、提升现代化的大农业生产。现代化农业首先是规模化农业,规模化农业首先是特色农业,使传统农业进化。在这个过程中,技术进步排挤农民,置换出来的农村剩余劳动力进入城市。所谓退化,是指传统农业的退化。很多地方资源条件不好,甚至没有任何资源,不宜继续进行农业生产,也不适合人类居住。这些地方的原有农业人口要逐渐退出,退耕还林,退耕还草,这个过程是"资源排挤农民"的过程。所谓异化,是指农业产业的异化。城市要接纳"技术排挤"和"资源排挤"出来的人口,为现有农业的"进化"和"退化"提供转移空间,通过城市的新建或扩容转移农村剩余劳动力,使农民异化为工人、城市人。

滑县新区锦和苑中心村,由河南省百得新农村建设投资有限公司与滑

县新区管委会密切合作,计划在三至五年时间内建成,按照统一规划、统一建设、有序合作的原则走"农业企业化、农村城市化、农民市民化"的发展模式,紧扣项目建设和农民增收核心,建设新社区、发展新产业、培育新农民、组建新组织、发展新风貌、努力打造资源配置合理、科学持续发展、经济良性互动、环境优美宜居、社会和谐安定的现代化新社区。

现在,随着一期工程的竣工,一批批大学生、新生代农民工已经陆续入住属于他们的家园。他们高兴地说:"这才是俺们真正的家!"

下篇

第一章
务工准备知多少

一、对务工人员各方面的要求

(一) 对身体素质的要求

良好的身体素质是进城务工的重要前提,所有用人单位在招工时,都要求务工人员有良好的身体素质。因此,进城务工人员必须有健康的身体,保持旺盛的精力,才能胜任各项工作。不同的职业对劳动者的身体素质会有具体不同的要求如从事铸造、冶炼、搬运等劳动强度大的职业,对力量、耐力、平衡、柔韧性要求较高,从事印染和美术职业,对眼睛的辨色能力和色彩搭配能力要求较高。务工人员首先应该弄清用人单位对从业者生理素质的要求,以便确定自己的务工意向。务工人员在进城之前最好到医院做一次身体检查,以衡量自己身体状况与用工条件的适合程度,如有色盲,就不要从事与颜色打交道的工作,四肢有疾患就不要做搬运等重体力劳动。

(二) 对知识结构的要求

1. 文化知识。文化知识是基础性知识,文化知识能够为我们提供最直接的帮助,同时文化知识也是进城务工人员进一步学习的基础。无论从事何种行业,"识字"是外出务工必须具备的基本条件。

2. 专业知识。不同的行业对专业知识有不同的要求和内容。因此,要针对自己从事的行业,进行深入系统的学习研究,掌握该行业所需要的各种常识,做工作中的有心人。

3.生活知识。城市对务工人员而言是一个全新的环境,衣、食、住、行都与农村有着很大的区别,如果要在城市中立足、生存,就必须掌握城市生活的基本知识。城市生活的基本知识包括人际交往知识、基本礼仪礼节知识、交通知识和购物知识等。它可以来自书本、来自培训,但更直接的是来自生活中的实践积累。

4.法律知识。掌握法律知识是保证个人合法权益不受侵害的有效途径。务工人员在务工过程中难免会遇到侵权事件,因此掌握与个人利益相关的法律知识是非常重要的。务工人员最常用的就是《中华人民共和国劳动法》,这是农民工维权的重要武器。与此同时,还要对《民法》、《刑法》中常用的法律知识有所了解,对务工地点治安管理的相关规定与法规也有所了解。

(三)对个人能力的要求

1.思想道德素质。具备良好的思想道德素质,是一个人获得他人尊重、走向成功的先决条件。进城务工人员要热爱祖国,积极上进,讲道德、讲文明、讲礼貌,有较强的法律意识,能自觉遵守公民道德公约和国家法律。

2.沟通交流能力。农民工进入城市,面对的不仅是生活环境的改变,而且要与许多原本陌生的人打交道,共同工作生活。只有具备了良好的沟通交流能力,才能很快适应新的环境,融入城市生活。同时,良好的沟通交流能力可以在第一时间展现自我,获得他人认同。

3.一技之长。不同的岗位虽然对人员的要求不同,但是有一技之长的务工人员往往更容易获得工作岗位,并且工资报酬相对较高,同时可以不断提高自身的竞争优势,从而选择更适合自己的工作。而没有一技之长的务工人员,就只能做一些简单劳动,不仅辛苦,收入也低。

4.过硬的心理素质。俗话说:在家千日好,出门万事难。进城务工的过程中往往会出现各种各样的挫折与困难,因此,在进城务工之前,要做好吃苦受累和战胜各种困难的心理准备,在打工生活中不断锻炼自己,克服自卑,提高心理素质,增强自信和勇气。

二、务工信息的主要获取途径

(一)当地政府劳动服务部门

由当地政府劳动服务部门提供的信息,是当前务工人员最认可的信息,因为这些部门负责本地的劳动就业工作,承办农村劳动力跨省流动就业服务的具体事务,常年提供各类就业信息。因此,信息来源广,就业岗位有保障,就业单位正规可靠。

(二)他人介绍

他人主要是指老乡、亲友,这是目前农民进城务工最主要的途径。在老乡和亲友的介绍下,务工人员形成了一个以乡情为纽带的务工集聚群,遇到困难时,可以相互帮助。在陌生的城市,因为老乡和亲友的聚集,务工人员不会显得孤独,并且在城市务工的亲朋好友不仅有工作的经验,也了解进城务工的相关信息。这些信息不仅可靠,而且竞争少,是获取务工信息简单有效的途径。

(三)用人单位直接到当地招用

用人单位会根据自己的用工需要直接到当地招工,或者与当地的劳动服务部门联系,进行联合招工。这种方式虽然为务工人员提供了方便,不仅可以节约找工作的时间,也可节省进城找工作的费用,但是首先要注意考察招工单位的真实性和可靠性,以免上当受骗。

(四)报刊、广播、电视和网络等媒体途径

现在不仅报刊上会有专门的版面刊登就业信息,电视、广播和网络上也有大量的用工信息,路边的广告牌、公交车的电子显示屏也都会不同程度地显示招工岗位和信息。传媒为务工人员提供了更为广泛的获取务工信息的渠道。但是,由于这些信息来源复杂,务工人员在使用这些信息时要注意筛选,避免上当受骗。

(五)职业技能培训机构的推荐

随着对劳动技能的要求不断提高,越来越多的人认识到技能的重要性。职业技能培训机构在招生时都会承诺毕业后推荐工作,正规的职业技能培训机构在对用工单位进行实地考察的基础上,长期与用工单位签订用人合同,建立"订单式培训"。

三、务工人员需要准备的证件

进城务工人员需要准备以下证件:

1.有效居民身份证及其他能证明自己特殊身份的证件,如转业军人证、复员军人证等。

2.《外出人员就业登记卡》。在外出就业之前,需持本人身份证和其他必要的外出证明,在本人户籍所在地的劳动就业服务机构进行外出就业登记,领取《外出人员就业登记卡》。

3. 毕业证或学历证明以及专业技术资质证明。

4.16周岁至49周岁的育龄妇女还必须办理《流动人口婚育证明》,持本人身份证以及2张1寸照片(如果已经结婚,就要带上结婚证),向户口所在地的村委会申请办理《流动人口婚育证明》。

进城之后还要办理一些必要证件,因此多准备一些1寸和2寸的免冠照片。

凡前往边境管理区就业的公民,还必须申办《边境通行证》。边境管理区一般是指沿国界的县(市)或乡(镇)行政管辖区域,这些地区包括深圳、珠海经济特区以及黑龙江省、吉林省、辽宁省、内蒙古自治区、甘肃省、新疆自治区、西藏自治区、云南省、广西壮族自治区、广东省的一些县或市。外出务工前,一定要了解自己要去的地方是否需要办理《边境通行证》。

《边境通行证》的全称是《中华人民共和国边境管理区通行证》。《边境通行证》的办理要遵循下列程序:首先,到常住的户口所在地公安分局或派出所领取并填写《边境通行证申请表》;其次,经当地居委会、治保会加签意见后,由户口所在地公安派出所审核;再次,持公安派出所审核过的《边境通行证申请表》和本人的居民身份证,向所在地县级以上公安机关或者指定的公安派出所提出申请。公安机关根据有关规定,予以审核发证,同时收取证件工本费。

如果要出国务工,应由出国劳务组织单位办理出国护照。

四、务工前的相关培训

(一)进城务工前需要接受的相关培训

首先,要了解政策和相关的法律法规。对于进城务工人员来说,要学习和了解《中华人民共和国劳动合同法》、《中华人民共和国妇女权益保障法》、《职业病防治法》、《工伤保险条例》、《治安管理处罚条例》等,一方面是要增强自己的法律意识和法纪观念,另一方面是为了利用法律知识保护自己的合法权益不受侵害。

其次,要掌握安全常识和公民道德规范。在城市工作、生活,要遵守城市的交通规则,了解公民道德的相关内容,知道什么是公共道德、职业道德和家庭美德。在劳动的过程中要学会自我保护,注意劳动安全。同时,还要了解城市的生活常识,以便自己更快地适应城市生活。

再次,掌握基本技能和技术操作规程。根据自己的务工岗位,选择适合自己岗位、工种的劳动技能,最好是参加正规的技能培训机构的培训,掌握技能的操作规程,为自己尽快进入工作角色打下基础。

在接受以上培训的基础上,最好能再进行语言培训,学说普通话,因为语言是进城后与人沟通交流的基础。

(二)常见的培训途径

1. 职业技术学校。目前社会上的培训学校很多,并且是分类别、分专业,如烹饪学校、驾驶学校、计算机培训学校、家电修理培训学校等。有些技术学校经过常年的经验积累,已十分成熟,有良好的口碑和就业渠道。这些学校具有较完善的办学设施、较强的师资力量,务工人员既可以学到较系统的知识,也可以在短时间内掌握一定的技术,但是务工人员在选择技术培训学校时,要进行认真的考察和比较。

2. 劳动服务机构举办的培训班。劳动服务机构举办的培训班一般都是与招工单位联合开展的,因此在培训的内容和培训后的去向都是根据不同的用工单位而定,比较有针对性,并且培训结束后可以立即就业。

3. 远程教育类培训。远程教育是指使用电视及互联网等传播媒体进行教育的教学模式,它突破了时空的界限,有别于传统需要住校舍、安坐于教室的教学模式。使用这种教学模式的学生,通常是业余进修者。由于不需要到特定地点上课,因此他们可以随时随地上课。学生亦可以通过电视广播、互联网、辅导专线、课研社、面授(函授)等多种不同渠道互助学习。目前远程教育开设的各种专业培训,也满足了越来越多的务工人员学习技能的需要。

五、职业资格证书的办理

职业资格证书是劳动就业制度的一项重要内容,也是一种特殊形式的国家考试制度。它指按照国家制定的职业技能标准或任职资格条件,通过政府认定的考核鉴定机构,对劳动者的技能水平或职业资格进行客观公正、科学规范的评价和鉴定,对合格者授予相应的国家职业资格证书。

职业资格证书是表明劳动者具备某种职业所需要的专门知识和技能的证明,反映了劳动者胜任职业活动的水平,是职业能力的具体体现。劳动保障厅(局)颁发的《职业资格证书》,可以与工资待遇对应,并和养老保

险、医疗保险相衔接,是实施劳动监察、劳动合同监证的有效证件,是劳动者求职、任职的资格凭证,是用人单位招聘、录用劳动者的主要依据,也是境外就业、对外劳务合作人员办理技能水平公证的有效证件。全国通用,双边、多边承认。

国家职业资格证书分为五个等级:初级(五级)、中级(四级)、高级(三级)、技师(二级)和高级技师(一级)。

此外,从事特种作业的,还要经过考试,取得《特种作业人员操作证》。国家规定的特种作业范围包括以下10类:①电工作业;②锅炉司炉;③压力容器操作;④起重机械作业;⑤爆破作业;⑥金属焊接(气割)作业;⑦煤矿井下瓦斯检验;⑧机动车辆驾驶;⑨机动船舶驾驶、轮机操作;⑩建筑登高架设作业。

办理职业资格证书,要首先到当地的职业技能鉴定所(站)进行申请,然后进行考核,考核合格才能获得职业资格证书。

六、职业技能鉴定的申请

职业技能鉴定是一项基于职业技能水平的考核活动,属于标准参照型考试。它是由考试考核机构对劳动者从事某种职业所应掌握的技术理论知识和实际操作能力作出客观的测量和评价的活动。职业技能鉴定是国家职业资格证书制度的重要组成部分。

(一) 职业技能鉴定的主要内容

国家实施职业技能鉴定的主要内容包括职业知识、操作技能和职业道德三个方面。这些内容是依据国家职业(技能)标准、职业技能鉴定规范(即考试大纲)和相应教材来确定的,并通过编制试卷来进行鉴定考核。

(二) 申请职业技能鉴定的要求

参加不同级别鉴定的人员,其申报条件不尽相同,考生要根据鉴定公告的要求,确定申请的级别。一般来讲,不同级别的申报条件为:参加初级鉴定的人员必须是学徒期满的在职职工或职业学校的毕业生;参加中级鉴定的人员必须是取得初级技能证书并连续工作5年以上,或是经劳动行政部门审定的以中级技能为培养目标的技工学校以及其他学校毕业生;参加高级鉴定的人员必须是取得中级技能证书5年以上并连续从事本职业(工种)生产作业可少于10年,或是经过正规的高级技工培训并取得了结业证书的人员;参加技师鉴定的人员必须是取得高级技能证书,具有丰富的生产实践经验和操作技能特长,能解决本工种关键操作技术和生产工艺难题,具有传授技艺能力和培养中级技能人员能力的人员;参加高级技师鉴定的人员必须是任技师3年以上,具有高超精湛技艺和综合操作技能,能解决本工种专业高难度生产工艺问题,在技术改造、技术革新以及排除事故隐患等方面有显著成绩,而且具有培养高级技能人员和组织带领技师进行技术革新和技术攻关能力的人员。

(三) 申请职业技能鉴定报名

申请职业技能鉴定的人员,可向当地职业技能鉴定所(站)提出申请,填写职业技能鉴定申请表。报名时应出示本人身份证、培训毕(结)业证书、《技术等级证书》或工作单位劳资部门出具的工作年限证明等。申报技师、高级技师任职资格的人员,还须出具本人的技术成果和工作业绩证明,并提交本人的技术总结和论文资料等。

(四) 职业技能鉴定方式

职业技能鉴定分为知识要求考试和操作技能考核两部分。知识要求考试一般采用笔试的方式,操作技能考核考核一般采用现场操作加工典型工件、生产作业项目、模拟操作等方式进行。计分一般采用百分制,两部分成绩都在60分以上为合格,80分以上为良好,95分以上为优秀。

(五) 职业技能鉴定实施步骤

职业技能鉴定的实施分为四大步骤,分别是鉴定前的组织准备、鉴定前的技术准备、鉴定实测、鉴定后的结果处理。

(六) 申请职业技能鉴定注意事项

申请职业技能鉴定,首先要根据所申报职业的资格条件,确定自己申报鉴定的等级。如果需要培训,要到经政府有关部门批准的培训机构参加培训。申报职业资格鉴定时要准备好照片、身份证以及证明自己资历的材料,参加正规培训的须由培训机构证明,工作年限须有本人所在单位证明,经鉴定机构审查符合要求的,由鉴定所(站)颁发准考证。参加考试时必须携带准考证,否则不能参加考试。

七、需持职业资格证书就业的工种

根据《劳动法》、《职业教育法》以及劳动保障部《招用技术工种从业人员规定》规定,对从事技术复杂、通用性广并涉及国家财产、人民生命安全和消费者利益的职业(工种)的劳动者,必须经过培训并取得职业资格证书后,才可以就业上岗。目前,必须持有职业资格证书才能上岗的技术工种(职业)包括以下几种。

(一) 生产、运输设备操作人员

车工、铣工、刨插工、磨工、镗工、钻床工、涂装工、组合机床操作工、加工中心操作工、制齿工、螺丝纹挤形工、抛磨光工、模型工、锯床工、铸造工、锻造工、冲压工、剪切工、焊工、金属热处理工、维修工(摩托车、勘探机械、汽车发动机)、修理工(摩托车调试、汽车、农机轮胎)、钳工(装配、工具、机修、模具、检修)、检修工(锅炉本体、水轮机、汽轮机本体、电机、变压器、锅炉附属设备)、继电保护员、维修工(用户通信终端、家用电子产品、家用电器产品、电梯安装)、维修电工、冷作钣金工、钣金工、烧结工、炉前工、轧钢工、热力司炉工、安装工(锅炉设备、电气设备、变电设备)、变电检修工、电工、化工检修电工、装配工(锅炉设备、电机)、锅炉操作工、土石方机械操作工、砌筑工、混凝土工、钢筋工、架子工、防水工、石工、装饰装修工(镶贴、打胶、涂裱、金属)、抹灰工、油漆工(建筑、装饰)、室内成套设施装饰工、管工、打桩工、供水(生产工、供应工)、测量工、线路工、操作工(起重装卸机械、运输机、输送机等)、驾驶员(起重机、推土、铲运机、挖掘机)、驾驶员(拖拉机、农用运输车)、沼气生产工、农机修理工、饲料加工设备维修工、维修工(照相器材、钟表、办公设备等)、驾驶员(汽车、起重型汽车、汽车运材)、机车司机、值班员(锅炉运行、电气、汽轮机运行、变电站)、送(配)电线路工、车站值班员、客(货)运员、化工工(操作工、试验工、分析工)、制冷工、仪表维修工、防腐蚀工、分离工、反应工、煤制气工、液化石油气罐瓶检修工、污水处理工、化妆品配制工、燃气储运工等子设备装接工、调试工(无线电、计算机)、计算机维修工、无线电设备机械装校工、仪器仪表装配工(电子、电工)、仪器仪表修理工(精密、电工)、高低压电器装配工、检验员(贵金属首饰、钻石、宝玉石)、检验工(化学、仪器、纺织纤维、食品、商品)、制作工(贵金属首饰手工、地毯)、贵金属首饰机制工、机绣工、工艺品雕刻工、装饰美工、摄影师、冲印师、唱片工、音响调音员、电影放映员、文物修复工、糕点面包烘焙工、豆制品制作工、制油工、熟肉制品加工工、冷食品制作工、眼镜(验光员、定配工)、木工(手工、机械、精细)、制版工(凸版、凹版、平版)、印刷工(凸版、凹版、平版)、出版物发行员、装订工、供水调度员、净水工、水质检验工、泵站运行工、管道工、燃气具修理工、燃气表装修工、下水道工、自行车维修工、装卸工、汽车(拖拉机)装配工、汽车生产线操作调整工、机动车检验工、变压器装配工、互感器装配工、变压器试验工、电工、化工检修电工、装配工(计时仪器、仪表)、水泥制作工、包装设计师、玩具设计师、汽车模型工、汽车饰件制造工、蒸发工、蒸馏工、萃取工、吸收工、干燥工、结晶工、化工总控工、玻璃配料工、玻璃钢制品工、气体净化工、压缩机工、制冷设备维修工、柔性版制版工、网版制版工、柔性版印刷工、网版印刷工、纺织染色工、缝纫机装配工等。

(二)农、林、牧、渔、水利业生产人员

粮油管理员、农艺工、农业实验工、园艺工(蔬菜、花卉、果、茶、蚕桑)、加工工(粮油、棉花、蔬菜、茶叶)、家畜饲养工、农禽饲养工、动物疫病防治员、动物检疫检验员、水产养殖、珍珠养殖工、水产品腌熏烤制工、海盐晒制工、采收工、湖盐采掘工、脱水工、精制盐工、冷藏工、商品养护员、粮油仓储、食糖制作工、味精制作工、联合收割机驾驶员、农机机械操作工、农机化技术推广员、水生哺乳动物驯养师、有害生物防治员、农机营销员、农机服务经纪人等。

(三)商业、服务业人员

医药商品购销员、鉴定估价师、中药调剂员、中药购销员、裁缝(裁剪、缝纫)、服装(设计定制工、整烫工、模特)、洗衣师、染色师、织补师、美容师、美发师、美甲师、烹调师(中式、西式)、面点师(中式、西式)、调酒师、茶艺师、餐厅服务员、营养配餐员、按摩师(保健、足底)、保健刮痧师、服务员(前厅、客房、旅店)、插花工、盆景工、修脚师、浴池服务员、导游、讲解员、中介代理人、职业指导员、收发员、打字员、制图员、保安员、保育员、家政服务员、养老护理员、营业员、收银员、采购员、保管员、保洁员、理货员、速录师、劳动保障协理员、广告设计师、珠心算教练师、社会工作者、废旧物资回收挑选工、锁具修理工等。

(四)专业技术人员和其他人员

机务员(微波、卫星、天线、传输、交换、通信、电力)、电信终端维修员、

线务员、市话测量员、业务员(邮政储蓄、集邮、特快专递)、各类邮电营业员、报刊发行员、报刊分发员、话务员、报务员、用户通信终端销售员、邮电业务营销员、各类投递员、汇兑检查员、汇兑稽核员、邮电业务档案员、报刊零售员、邮件分拣员、邮件接发员、邮件转运员、邮件押运员、网络编辑员、呼叫服务员、车站值班员、客(货)运员等。

(五)全国、全省统一鉴定职业

秘书(国家职业资格二级)、营销师(国家职业资格二级和一级)、项目管理师、物业管理员、心理咨询师、企业人力资源管理师、企业信息管理师、理财规划师、广告设计师、网络编辑员、企业文化师等11个职业全国统一鉴定。秘书(国家职业资格五级、四级、三级)、营销师(国家职业资格五级、四级、三级)、公关员(国家职业资格五级、四级、三级)、物流师、职业经理人、职业培训师、电子商务师、公共营养师、广告设计师、计算机辅助设计绘图员(电子、建筑、机械)、网络管理员等13个职业全省统一鉴定。

第二章
旅途安全最重要

一、进城时间的选择

从一票难求的春运可以看出,务工人员进城的时间段集中在春节过后。在人们的心里,过完正月十五才算是真正意义上的过完年,因此,正月十五后的一个月是务工人员外出时间最集中、人数最多的时期。大量的返乡务工人员结束假期返回城市,同时还有新的务工人员跟着老乡、亲友出去找工作或者独自外出找工作。有限的岗位数量加上大批的务工人员,就业竞争比较激烈。另一个集中的时间段是每年农忙之后。务农结束会有一段比较清闲的时间,很多人利用这段时间外出打些短工,增加收入。

所谓的"用工荒"也并不是所有的岗位都"荒",还是存在岗位挑选工人的情况,因此在外出时间的选择上,尽量要避开务工人员进城的高峰期。一般来说,每年的春节前后是用工短缺的时期,企业急等着用工,会慷慨地给予一笔数额不小的春节假期加班费。农忙时期也是进城务工的好时机,这时候很多单位急需招聘人员,务工人员更容易找到满意的工作。在进城的时间选择上,还应避开每年的高校毕业生毕业时期,这时会有大量的应届毕业生进入就业市场,给务工人员带来竞争压力。

二、交通工具的选择

出行时,务工人员要根据个人的需要选择合适的交通工具。现在可供出行的交通工具主要有火车、汽车、轮船和飞机等。这些交通工具各有优点:火车速度快、运载旅客多、安全可靠,并且仅火车就有高铁、动车、特快、普快、直快等多种类型;随着高速公路的迅速发展,汽车速度普遍增快,并且乘坐方便,很多县镇都开通了到北京、上海等大城市的直通车,也开通了通往本省省会的直通车，走高速的汽车，路途时间相对缩短，但票价高过不走高速的汽车；轮船票价低；而飞机的主要优势在于速度快。在出行交通工具的选择上，务工人员要结合自己所在地的交通状况和自身的实际情况，考虑时间和经济承受力等因素，进行综合比较。

1. 方便。务工人员出行时大多带着行李物品，因此，在时间要求不紧迫的前提下，可以选择直达或换乘次数少的交通工具。

2. 安全。在冬季雾天多的情况下出行，安全是首要考虑的因素。建议外出务工人员尽量避免在雾天出行，若条件具备，尽量选择火车出行。

3. 舒适。长时间的旅途，舒适最重要，要根据自己的身体状况，选择交通工具。晕车、晕船的人尽量不要选择长途汽车或轮船出行。

4. 省时。如果时间要求紧迫，就需要选择能最快到达目的地的交通工具。

5. 经济。对于需要长途出行的务工人员，路费是一笔不小的开支，在不影响出行计划的同时，要选择经济实惠的交通工具。

三、乘坐火车要注意的事项

乘坐火车首先要做的是购买火车票，在客流较集中的时间段，车票比较紧张，最好提前购买车票，以免耽误自己的出行。在不同的时间段，火车票预售的时间也不相同，要提前问清楚预售时间，做好充足准备。火车票可以在火车站的售票大厅购买，也可在各售票点购买，还可以电话预定或是网上购买。在购买火车票时，一定要到正规的售票地点购买，以免上当受骗。

进入候车室时，要凭票进入，自己携带的行李物品要接受"三品检查"，不要携带易燃、易爆等危险品上车。候车时不要远离候车地点，尤其是在列车晚点的情况下，要认真收听车站的广播，随时关注上车时间。进站上车时，要走规定的车站检票口，接受车站工作人员的检查。需要通过天桥和地下通道时，不要为了图省事而从列车底部穿行。

当列车进站时，不要越过站台边缘的白色安全线，因为列车进站时不但速度快，而且风力大，如果站得太近，就有被卷到站台下的危险。在列车尚未停稳时，不要忙着往车上挤，更不要爬车窗，应该在列车工作人员的指导下，有秩序地上车。列车开动时，不要与车下送行的亲友握手或者递东西。在列车运行过程中，不要把头或手伸到窗外，不能把杂物扔到车外，以免发生危险。随身携带的行李，应该在行李架上放好，以免列车震动时掉下来砸伤他人。可以将一些无法放牢固的工具,放到座位下面。在列车上要注意饮食卫生,注意保管好自己的财物。如果上车前来不及买票,一定要在上车后及时补票。否则,出站检票时一旦被发现是无票乘车就会被超票额罚款。

四、乘坐汽车要注意的事项

在汽车站附近总会有大量的拉客人员在汽车站外拉客售票,这属于私人违法行为。切勿因为买票难,选择在站外乘坐车辆,一来无法确保行车的安全性,二来时间及目的地不存在绝对的准确性。要到车站售票厅的售票窗口买票,以免耽误行程。

乘车时,要注意车票上指定的日期和车次。检票上车后,不能中途停止乘坐,否则车票即告失效。长途汽车站纵横行驶的车辆较多,乘客在上、下车时,不要从车前、车后突然跳出,或者快速追车、拦车,要按照次序,排队依次上车。乘坐汽车时应该按车站规定的乘车方法进站上车,不要任意在汽车站的停车场里扒车或者拦车。

不要在车上睡觉。在遇到险情,司机急刹车时,猛被惊醒,对心神不利。晕车的人,开车前半小时,应服防晕车药。

不要乘坐超载的汽车,自觉做到不携带易燃、易爆等危险品上车。在车辆行驶的过程中,也不能将头、手等伸出车窗外。不要在车厢内吸烟,遇到吸烟的乘客,要及时地制止。汽车进入加油站时,不要接打手机。在汽车还没有停稳时,不要急于从正在行驶的汽车上跳下,以免发生意外。

五、乘坐轮船要注意的事项

购买船票后,要按照票面所指定的船只、航次和日期乘船。按照规定,乘船时严禁携带易燃、易爆等危险物品。此外,上船时也不能携带易腐蚀的液体物品,因为船在航行时晃动幅度较大,若遇到晃动、碰撞或其他因素,容易发生液体物品渗漏等现象,会危及轮船及旅客的安全。

上船后,要按照票面所规定的舱位和地点休息及存放行李,随身携带的行李不能乱放,尤其不能放在堵塞通道或者靠近水源的地方。轮船在夜间航行时,不要用手电筒向水面、岸上或其他船只上乱照,以免被驾驶员误认为是船只的航行信号,引起其他船只或导航人员的误会而发生意外。

登船后要尽快熟悉所乘舱位的周围环境。登船后,在乘务人员的引导

下找到自己的舱位,把自己的行李妥善处理后,应立即熟悉自己舱位周围的环境,重点是牢记通向甲板的安全通道,以便出现紧急情况时能尽快疏散。船上的救生、消防设施都有明确的标志,并且放在易于拿到的地方,这些物品的使用与管理都有一定规范。乘坐轮船时不要随意挪动它们,更不可用之来打闹和玩耍。上、下船时,一定要等船靠稳,待工作人员安置好上、下船的跳板后再行动。

六、晕车、晕船的简单防治

晕车、晕船是旅行中常见的现象,它主要表现是在途中突然发生头晕、恶心、呕吐、面色苍白、出冷汗、精神抑郁、脉搏过缓或过速,严重者可出现血压下降、虚脱等症状。下面的几种方法可以防止或减少这种情况的发生:

1. 服用胃复安、乘晕宁、维生素 B6、人丹丸等药。
2. 用风油精涂擦太阳穴,也可在肚脐上贴一贴伤湿止痛膏。
3. 生姜1小片,口中含服,姜味淡后可再换1片含。也可将鲜姜片固定于肚脐上。
4. 口含或嚼食芒果、话梅、姜片糖、酸味糖果等食品。
5. 不宜过饥、过饱,可吃七八分饱,不宜吃不易消化、油腻食物。

此外,在旅途中应该尽量做到以下几点:

1. 放松精神。乘车(船)时不要紧张,不要总想着会晕,可与人聊天分散注意力。
2. 睡眠要充足。旅行前要有足够的睡眠,保持良好的精神状态,可提高身体对运动刺激的抵抗能力。
3. 尽量坐比较平稳且与行驶方向一致的座位,并且保持空气流通。头部适当固定,避免过度摆动。
4. 不要看窗外飞驰而过的景物,不看书、报,不玩扑克。最好闭目养神或睡觉。

七、旅途中的注意事项

(一)钱物安全

钱要分开存放,不要随身携带大量现金,上车之前应将零钱放在单独的地方,大笔现金不要放在提包里或外衣口袋里,最好放在贴身的衣服口袋里等比较安全的地方。把身份证等证件与银行卡等分开放,钱、证件、手机等贵重物品要随身携带。看管好个人的行李物品,要尽量避免拥挤,不要站在车厢连接处和车门口。单独乘车时,尽量不要在车上睡觉,如有人做伴,可以轮流休息。不要轻易在众人面前掏钱或者数钱,以免被坏人盯上,不要把装有钱的背包或上衣随手挂放,这很容易让小偷得手,随身携带的箱包也要保管好,暂时离开时最好请旁边信得过的人帮忙看管。

(二) 饮食卫生安全

不要吃过期变质的食品,以免发生食物中毒。路上最好吃一些清淡的、容易消化的食物,不要酗酒。旅途中生病,很难得到及时到位的救治,要随身带一些治疗感冒、腹泻、晕车、呕吐的药片。

(三) 个人人身安全

旅途中的人身安全很重要。首先,在乘车过程中,不乘超载车、故障车,不携带危险品;其次,要遵守交通规则,不拥挤、不违章;再次,面对各种骚扰、偷窃、抢劫、诈骗、行凶事件的发生,要有必要的思想准备和防范措施,遇到不法分子,要选择报警。

(四) 不要凑热闹

在旅途中要特别注意不围观,不和不三不四的人凑热闹。不轻易接受你还没有了解的人递的香烟、饮料等,不随便吃陌生人送的东西。和对方交流时,要从对方的言谈举止中分析对方的诚意,小心上当受骗。如果是女性,不要轻易听信陌生人的花言巧语,不要随便跟不认识的人走。

(五) 保持友好

在旅途中要注意礼节,保持一种宽容、轻松的心态。与他人友好地相处,不要与他人发生冲突,以免带来不必要的麻烦。如果无意中冒犯或者伤害到他人,要及时地道歉。

(六) 中途换乘不要远离车站

旅途中如果需要换车,最好选择在车站休息,不要离车站太远。因为中转地对于大家来说都不熟悉,如果离车站太远,到了该上车的时候还回不来,就会耽误旅程的安排。

八、务工途中出现走失现象怎么办

在陌生的环境中走失,首先要做到不慌张,先停下来,冷静地思考应对的办法。

(一)看周围显著建筑物或路牌、门牌

在城市中走失,首先要确定自己的位置,在所在地点寻找有明显标志的建筑物,或者查看路边的路牌,知道自己的方位。在城市每条道路的路口一般都设有路牌,上面标明了路名和该路的走向,由此可以确定东南西北的方向。门牌标号可以告诉我们所在地的地点名称,它一般标注在马路两边的墙上,分单、双数,并按顺序排列。

(二)寻求他人帮助

在一些重要的交通路口、路段都有交警、巡警、交通协管员,向他们讲明情况和自己要去的地点,寻求他们的帮助。也可以向周围的居民寻求帮助,请他们帮助指点道路。

(三)打电话求助

如果知道你要去的工作单位的电话,可以求助于他们,或者可以拨打当地的求助电话。如果不知道或丢失了联系电话,可以拨打114询问,然后再打电话联系。也可以通过114查询自己要去地点的具体地址,选择公交或者出租车到达目的地。

(四)查找公交地图

首先确定自己所在的位置和要去的地点,查看需要乘坐的公交车或换乘的车次及路线。地图上确定方向的方法是"上北下南,左西右东"。各种标记代表什么,可以看图例说明。

在问路的过程中,不要随便找路人进行询问。乘坐出租车时,一定要乘坐正规车辆。

第三章
有的放矢找工作

一、务工工种类型有哪些

进城务工的工种类型有多种,大体上可以归纳为以下几类:

1. 技术工,即包括工厂、建筑工地等领域的具有一技之长的工作,如瓦工、木工、焊工、管工、电工、车工等生产领域的技术工人,也包括厨师、理发师等服务业的人员。

2. 个体劳动者,如开报亭、特色小吃店或从事家电修理、裱糊字画、雕刻的人员等。

3. 简单劳动职业者,如一般企业的体力劳动者、各类服务人员、保安人员、清洁工、洗衣工、搬运工等。

二、务工人员主要集中的行业

从全国范围来看,进城务工农民主要集中的行业有加工制造业、建筑装修业、餐饮服务业、批发零售业、家政服务业和运输业。

(一) 加工制造业
加工制造业主要集中在采掘业(采煤、采油)和制造业(工业制造业和食品、饮料制造业)。从事此行业工作要求有一定的体能和技能。

(二) 建筑装修业
在各大城市的建筑工地上,大部分建筑工人都是进城务工农民工,如土木建筑工、砖瓦工、钢筋工、木工、水电工、室内装修工等。这些工种对技术和从业经验有较高的要求,需要相关的技能。

（三）餐饮服务业

从事餐饮服务业的人员包括厨师、服务员、食品销售员等。在各大城市的餐饮服务业中，进城务工的农民是主力军。这是一些工作时间长，具有一定技术、身体无传染病的人才能胜任的工作，从业人员要有良好的服务意识和卫生意识。

（四）批发零售业

从事批发零售业的人员包括零售业经营人员、售货员、商业采购员、商业供销员等。这类工作不是强体力劳动，但工作紧张，每天的工作时间较长，由于货品种类多，需要敬业细心。

（五）家政服务业

从事家政服务业的人员包括月嫂、保安、护理员、钟点工等。从事这类工作的人员，首先要有耐心和爱心，身体健康，责任心强，善于沟通交流。

（六）运输业

运输业包括汽车驾驶员、装卸工、搬运工等。许多城市的汽车驾驶员、运输工人都是进城务工人员。

此外还有服装制造业、美容美发业、汽车家电维修业等行业，也是务工人员比较集中的行业。

三、进城找工作的注意事项

（一）确定自己的目的地

根据自己的生长环境和身体状况，在外出务工前要考虑自己是去南方还是北方，是去一线城市还是二线城市，是省内还是省外。患有风湿性关节炎的人，就不宜到空气潮湿的城市工作。

（二）根据自己的特长选择工作

衡量自己的特点和性格，选定自己从事的工作，朝着自己选定的行业，有针对性地学习技能和行业规范。

（三）了解从事工作的竞争力

自己选定的工作，如果有许多人都在从事，在这个行业里，劳动力的供给远远大于需求,那么即使你费了很大的力气,因竞争激烈,可能也得不到这个工作。

(四) 同行业之间要综合比较

在同一种行业中,不同的用工单位给出的条件和待遇会有不同,在选择的过程中要进行综合的比较、衡量和了解,不能仅凭待遇的高低来选择。

(五) 客观评价工作种类

每种行业或工作因为性质不同,在人们心目中的地位也不一样,难免有高、低、贵、贱之分。找工作不要受他人评价的影响,选择竞争压力小、同时又适合自己的工作。无论哪种工作,只要符合自身的条件对自己来说便是好工作。

(六) 会知法用法

法律是务工人员维护个人权益的最好武器。在务工的过程中,如果遇到合法权益受到侵害的事情,要能做到拿起法律的武器,维护个人合法权益。

(七) 个体经营的注意事项

如果想进城从事个体经营,应懂得国家的有关规定,懂得如何取得营业资格和营业执照、如何纳税等程序,了解经营范围和经营方式。

四、如何选择适合自己的工作

面对种类繁多的工作,怎样才能判断出自己适合做哪类的工作呢?这需要对自己进行全面的衡量。

从个人兴趣看,要理清楚个人的兴趣及理想。要清楚地知道自己的兴趣、爱好,不要一味地盲从别人"你适合什么……,你不适合什么……"。别人的建议是参考,最重要的是个人的理想,如果选择了自己不喜欢的岗位和职业,工作起来缺乏激情,久而久之会产生厌烦的心理。要客观地认识自己能否从事自己感兴趣的行业,如果不行,与之接近的行业也可以考虑。

从自身能力上看,要弄清楚自己是否具备相关工作能力。选择工作时,不能盲目地要求工作待遇和工作岗位,要根据自身具备的技能和素质来考虑自己是否能够胜任此项工作。得心应手的工作是树立个人自信心

的关键,也是积累经验、走向成功的重要基础。

从身体素质看,要弄清楚自己是否具备要求的身体条件。许多工作对从业者的生理条件有特定的要求,了解自己的生理特点和工作对从业者身体条件的要求,可以减少求职失误和工作挫折。

除从自身条件进行考虑外,还要考虑工作岗位对知识技能的要求。有了综合的了解,就能大致判断出自己合适的工作范围,从而可以为自己确定明确的职业目标,降低找工作的盲目性,有利于顺利地找到合适的工作。

五、在劳动力市场可以获得哪些就业信息

在正规的劳动力市场(职业介绍所、人才交流机构等),通过咨询可以获得有关职业岗位的需求信息和职业岗位对从业者素质要求的信息。

职业岗位需求信息包括哪些职业岗位有用人需求以及这些职业岗位的名称、岗位数量、职业工作内容、性质或特点、职业的待遇、工作地点与环境、发展前途等。

聘用人员信息包括需要人数,招聘条件,对从业者生理素质的要求、心理素质的要求、知识素质的要求、能力素质的要求、思想品德素质(包括职业道德素质)的要求等。

聘用程序信息包括报名手续、联络方法、考核内容、面试与录用程序等。

此外,还能了解到目前哪些行业就业人数多、哪些岗位就业竞争激烈、哪些行业或职业就业人数少、哪些职业岗位就业容易、各类职业的报酬如何等信息。这些机构常年研究劳动力市场的变化,对这些问题一般能给予比较准确的回答,并且,这些机构常年为用人单位输送劳动力,对用人单位喜欢什么样的人、不喜欢什么样的人、什么职业岗位需要什么样的人等问题有准确的了解,他们可以准确地提供这方面的信息。在许多职业介绍所和就业咨询部门都设有专门的咨询员,备有各种心理测验和职业测验工具,帮助你了解自己适合哪类职业。

六、如何对待各种招聘信息

(一)整理信息

经过分类比较,要把那些不适合你的信息剔除,把有用的就业信息按一定顺序排列。面向大学生、研究生的供需见面会,显然不适合进城务工

的农村青年,以家政服务为主要内容的劳动力市场也主要适合女性务工者等。

(二) 辨别信息

并不是所有发布出来的招聘信息都是可靠的信息,有些是虚假广告,他们利用务工人员找工作的急切心理,发布虚假信息,骗取报名费等费用。一定要辨别信息的真伪,以免上当受骗。

(三) 挑选信息

报刊、电视和广播提供的就业信息较多,但同时前去应聘的人也很多,竞争也激烈。各种职业介绍所和就业中介机构常年为用人单位提供劳动力,他们收取一定的费用,提供的信息也比较可靠。从亲戚朋友或其他熟人那里也可以获得就业信息,他们可以告诉你哪里有什么样的工作、这些工作需要用什么样的人以及怎样才能适应这些工作。这些熟人一般与用人单位有一定的关系,可以帮你引见或推荐,这无疑提高了就业成功率。因此,在城市务工要学会沟通,广交朋友,这对找工作是十分有益的。

七、面试前应做好的准备工作

(一) 个人材料的准备

为了给对方一个更加直观的印象,在面试前,最好将个人的基本情况整理成一份简历(或履历表),将姓名、年龄、籍贯、性格、爱好、特长及工作经历等都填写清楚,做到简单明了。这样会让人觉得自己是个有心人,同时,也会避免因为紧张,在自我介绍的时候出现遗漏。如果是参加过劳动技能培训或者有职业资格证书的人员,要携带个人的培训情况说明和职业资格证书。

(二) 了解招聘单位具体情况

一个岗位会有很多的应聘者前来竞争,因此,在面试前,要查找单位的详细资料,了解用人单位的性质、地点、特点等情况,面试时才能根据工作性质和特点,有针对性地阐述你的能力和特长,展示出自己是胜任此项工作的最佳人选。因为对招聘单位的了解,在面试的过程中也能很容易地和招聘方找到共同的话题,消除陌生感。

(三)仪容仪表的整理

面试前,最好对个人的仪容仪表进行一次认真的整理。仪容仪表的整洁大方,是对招聘方尊重的一种体现,不需要华丽的服饰和夸张的妆容,只要干净整洁即可。要让人感觉到自己对此次面试的重视与用心。

(四)问题的准备

面对招聘方的提问,自己如何才能做到应对自如、落落大方,这是在面试前应考虑和准备的。向身边参加过面试的人请教,注意收集一些常见的问题,并根据招聘单位的性质,自己预测几个问题,有针对性地进行演练。

(五)有失败的心理准备

面试中肯定会有人成功,有人失败,因此,要有失败的心理准备,要在失败中总结经验教训,积累经验。如果找到了一份不理想的工作,也不能嫌弃,以"干一行,爱一行"的事业心和责任感把工作做好,把它作为以后工作的基础。

八、面试时要注意的事项

1. 在面试临近时练习一下如何放松自己,譬如放慢语速、深呼吸以使自己冷静下来。你越放松越会觉得舒适自然,也会流露出更多的自信。一定要准备好几个和工作、雇主以及整个机构有关的问题,这些问题应该能够获取有效信息,以表达你对工作的兴趣以及个人的智慧和热情。

2. 面试过程中首先要举止得当,着装朴实,给人谦虚有礼的印象。回答问题时应口齿伶俐、思路明确。措辞要得体,有组织、有条理、不啰嗦,用完整的句子和实质性的内容回答问题。留心你自己的身体语言,尽量显得精警,有活力,对主考人全神贯注。用眼神交流,在不言之中展现出对对方的兴趣。

3. 在回答问题的过程中,充分展示自己勤奋工作、诚实努力的一面,客观看待自己与过去的工作和领导之间的问题,但不要过多地进行评论。

4. 将你所有的优势推销出去,营销自己十分重要,包括你的技术资格、一般能力和性格优点。雇主只在乎两点:你的资历凭证和你的个人性格。不要急着提出薪水待遇问题,尽可能避开这个问题,最好让主考人提出。

5. 如果招聘小组集体进行面试时,应注意协调好关系。回答主考人问题的时候,可以用眼睛的余光观察其他人的反应,以示对其他人的尊重。

如果有两个主考人同时提问,则应该逐一回答。

6. 把你碰到的每一个人对看成是面试中的重要人物,一定要对每一个你接触的人都彬彬有礼,不管他们是谁以及他们的职务是什么,每个人对你的看法对面试来说都可能是重要的。

九、如何回答面试中所提的问题

面试时,要淡化面试的成败意识,要有一种"不以物喜、不以己悲"的超然态度,这样才会处变不惊。应试者还要树立自信,这样才能够在面试中始终保持高度的注意力、缜密的思维力、敏锐的判断力和充沛的精力,从而夺取面试的胜利。虽然不同的面试官会给出不同的问题,但是,"万变不离其宗",只要掌握其中的规律就能把握要点,争取成功的机会。下面是几个比较常见的问题。

(一) 自我介绍

这是一道面试的必考题目,事先最好以文字的形式写好背熟。在介绍的过程中要把握几点:一是要注意介绍的内容要与个人简历相一致;二是表述方式上尽量口语化;三是要语言简练,切中要害,不谈无关、无用的内容;四是条理要清晰,层次要分明。

(二) 家庭情况

这道题的目的是为了了解应聘者的性格、观念、心态等。回家此类问题时,首先要简单地罗列家庭人口,强调温馨和睦的家庭氛围,要强调父母对自己教育的重视,家庭成员的良好状况和家庭成员对自己工作的支持。同时,还要强调自己对家庭的责任感,企业就像个大家庭,一个对家庭有责任感的人,能够在对家庭负责的同时,做好本职工作,肩负起对企业的责任。

(三) 业余爱好

业余爱好能在一定程度上反映应聘者的性格、观念和心态。个人的业余爱好应该是脱离庸俗和低级趣味的,但是又不局限于静态的。个人的业余爱好最好是以团队性活动为多的、户外的集体项目。切忌说自己没有业务爱好。

(四) 喜欢的格言

从喜欢的格言上能够看出一个人的性格观念。在做面试准备时,最好选定一到两个格言,并且要理解格言所要表达的意思。格言不宜太抽象或者太长,有激励作用的格言给人敢于吃苦、勇于奋进的感觉。所以,格言要能够体现出个人的优秀品质。

(五) 个人优缺点

个人优缺点是对自己的一个客观评价。在回答时,不能夸大也不宜过于谦虚,不能说自己没有优缺点,也不能混淆了自己的优缺点,把优点看成是缺点,把缺点当做优点。优点主要可以集中在吃苦耐劳、勤于学习、责任心强、有集体观念等方面,说缺点时不宜说出严重影响所应聘工作的缺点,也不宜说出令人不放心、不舒服的缺点,可以说一些对于所应聘工作"无关紧要"的缺点,甚至是一些表面上看是缺点、从工作的角度看却是优点的缺点。

(六) 找工作主要考虑因素

这个问题能够反映出求职者求职的动机。在回答时要注意,不要把薪酬待遇和工作条件放在首位。可以围绕着个人能力的提升、个人技能的展示、发展的空间和前景、工作的氛围来进行回答,适当地点出薪酬待遇也是自己需要考虑的一个方面。

(七) 选择此岗位的原因

此类问题的回答可以和找工作时的考虑因素相结合来进行回答。这个岗位符合自己找工作的条件,也能够为自己提供发展的空间和平台,并且有较好的待遇。

(八) 对此项工作有哪些可预见的困难

回答时不宜直接说出具体的困难,一是因为没有实践就没有发言权,二是因为说出具体困难会令对方怀疑自己的能力。要表现出工作中出现一些困难是正常的,也是难免的,但是只要有坚忍不拔的毅力、良好的合作精神以及事前周密而充分的准备,任何困难都可以克服。

第四章
劳动合同是法宝

一、务工人员找到单位后应当注意的问题

为了保障自己的合法权益,务工人员一定要注意以下两个问题:

1. 该用人单位是否经过工商注册,生产经营行为是否合法。
2. 自用工之日起1个月内订立书面合同。用人单位与劳动者在用工前订立劳动合同的,劳动关系自用工之日起建立。

根据2003年3月1日开始施行的《无照经营查处取缔办法》的规定,无营业执照经营行为主要包括以下几种:

1. 应当取得而未依法取得许可证或者其他批准文件和营业执照,擅自从事经营活动的无照经营行为。
2. 无需取得许可证或者其他批准文件即可取得营业执照而未依法取得营业执照,擅自从事经营活动的无照经营行为。
3. 已经依法取得许可证或者其他批准文件,但未依法取得营业执照,擅自从事经营活动的无照经营行为。
4. 已经办理注销登记或者被吊销营业执照,以及营业执照有效期届满后未按照规定重新办理登记手续,擅自继续从事经营活动的无照经营行为。
5. 超出核准登记的经营范围,擅自从事应当取得许可证或者其他批准文件方可从事的经营活动的违法经营行为。

根据《劳动合同法》第二十六条的规定:无营业执照经营的单位与劳动者订立的劳动合同因主体违反法律规定属于无效合同。但根据公平的原则,无营业执照经营的单位被依法处理的,该单位的劳动者已经付出劳动的,仍应获得相应的劳动报酬。

对不具备合法经营资格的用人单位的违法犯罪行为,依法追究法律责

任；劳动者已经付出劳动的，该单位或者其出资人应当依照《劳动合同法》有关规定向劳动者支付劳动报酬、经济补偿、赔偿金；给劳动者造成伤害的，应当承担赔偿责任。

按照《劳动合同法》第九十四条规定：个人承包经营违反本法规定招用劳动者、给劳动者造成损害的，发包的组织与个人承包经营者承担连带赔偿责任。个人承包经营者招用劳动者时违反本法规定对劳动者造成的损害，劳动者既可以要求个人承包经营者全额或者部分赔偿，也可要求发包的组织即个人承包经营者所承包的单位全额或者部分赔偿。

二、用工单位不签订劳动合同怎么办

《劳动合同法》第十条规定：建立劳动关系，应当订立书面劳动合同，已建立劳动关系，未同时订立书面劳动合同的，应当自用工之日起1个月内订立书面劳动合同。用工之日起1个月内是订立劳动合同的法定期限。

如果用工单位未与自己签订劳动合同，务工人员可以采取以下几种方法：

1. 直接向用人单位提出签订劳动合同的要求。

2. 如果用人单位有工会，务工者也可以向工会反映情况，请工会出面向用人单位提出要求。

3. 如果用人单位执意不肯签订劳动合同，务工者可以向用人单位所在地区的劳动行政部门反映情况，由劳动行政部门督促用人单位与务工者签订劳动合同。在未签订劳动合同的情况下，如何证明自己与用人单位之间的事实劳动关系很重要，根据劳动保障部《关于确立劳动关系有关事项的通知》的规定，用人单位未与劳动者签订劳动合同，认定双方存在劳动关系时可参照的凭证包括：工资支付凭证或记录（职工工资发放花名册），缴纳各项社会保险费的记录，用人单位向劳动者发放的"工作证"、"服务证"等能够证明身份的证件，劳动者填写的用人单位招工招聘"登记表"、"报名表"等招用记录，考勤记录以及其他劳动者的证言等。因此，务工人员要注意保存和收集相关的材料，并且与其他同事建立联系，一旦发生劳动纠纷，可以互相作证。必要时，还可以请求劳动部门的处理。

三、劳动合同的期限种类

根据《劳动合同法》第十二条的规定，劳动合同的期限分为下列三种：

1. 固定期限劳动合同,是指用人单位与劳动者约定合同终止时间的劳动合同。这种劳动合同的特点是劳动关系只在合同有效期内存续,合同期限届满,劳动合同即告终止。

2. 无固定期限劳动合同,是指用人单位与劳动者约定无合同终止时间的劳动合同。这种劳动合同的特点是劳动合同没有确定的合同终止日期,只有在符合法定或约定的条件下,劳动关系才可终止。

3. 以完成一定工作任务为期限的劳动合同,是指用人单位与劳动者约定以某项工作的完成为合同终止条件的劳动合同。这种劳动合同的特点是当合同中约定的工作完成时,劳动合同即告终止。

四、劳动合同应具备的内容

根据《劳动合同法》的规定,劳动合同的内容可以分为两个部分:必备条款和补充条款。

1. 必备条款包含以下八个方面的内容:

(1)劳动合同的期限,就是合同开始的时间和结束的时间。

(2)工作内容,规定劳动者在该单位做什么工作。

(3)劳动保护和劳动条件,如建筑工人应该发放安全帽等。

(4)劳动报酬,也就是工资。

(5)劳动纪律。

(6)劳动合同终止的条件,规定合同终止的条件。

(7)违反劳动合同时,双方应负的责任。

(8)特殊条款,由于某些劳动合同的特殊性,法律要求某一种或某几种劳动合同必须具备的条款。例如,中外合资经营企业和私营企业的劳动合同中应该包括工时和休假的条款。如果因为用人单位的原因签订了不平等的劳动合同,之后对劳动者的权益造成了侵害,用人单位应当承担法律责任。

2. 补充条款也叫做商定条款,是双方当事人在签订合同时互相商量定下的条款。补充条款是法律赋予双方当事人的自由权利,但是,补充条款的约定不能与国家的法律、法规相抵触,不能危害国家、其他组织或个人的权益。

五、用工单位变更名称是否会影响劳动合同的履行

劳动合同的变更实际上就是特殊情形下劳动合同的履行,指的是在劳动合同履行期间,劳动合同双方当事人协商一致后改变劳动合同的内容。

《劳动合同法》第三十五条规定:用人单位与劳动者协商一致,可以变更劳动合同约定的内容。

由于劳动合同必备条款中的用人单位名称、法定代表人、主要负责人等内容发生了变更,用人单位与劳动者应当从形式上变更劳动合同。但是,即使没有从形式上变更劳动合同,也并不影响原劳动合同的效力。《劳动合同法》明确规定:用人单位变更名称、法定代表人、主要负责人或者投资人等事项,不影响劳动合同的履行。

《劳动合同法》第三十四条规定:如果用人单位发生合并或者分立等情况,原劳动合同继续有效,劳动合同由承继其权利和义务的用人单位继续履行。

六、务工人员在哪些情况下可以解除劳动合同

劳动合同的解除,是指在劳动合同订立之后,但并未到期,由于某种原因导致一方或双方提前解除劳动关系。劳动合同可以单方面依法解除,也可以双方协商解除。

务工者如果不愿意在用人单位继续工作,需要解除劳动合同的,应当提前30天以书面形式通知用人单位。

但是,在以下情况下,务工者需要提前通知用人单位,就可以随时解除劳动合同:

1. 在试用期内。在试用期内就业者与用人单位的劳动关系还没有确定,务工者享有选择职业的权利,可以随时解除劳动合同。

2. 用人单位以暴力、威胁或者非法限制人身自由的手段强迫劳动的。劳动合同应该在平等自愿的基础上签订,劳动过程也应当是平等自愿的,务工者有权反对强迫劳动。

3. 用人单位没有按照劳动合同约定支付劳动报酬或者提供劳动条件的。务工者享有取得劳动报酬的权利,在工作过程中也应该提供必要的劳动条件,如果用人单位无法提供基本的劳动条件,务工者可以随时通知用人单位解除劳动合同。

七、用工单位在哪些情况下可以解除劳动合同

根据《劳动法》第二十五条、二十六条的规定,用人单位在以下情况下可以单方面解除劳动合同:

1. 劳动者在试用期间被证明不符合录用条件的。
2. 劳动者严重违反劳动纪律或者用人单位规章制度的。
3. 劳动者严重失职,营私舞弊,对用人单位利益造成重大损害的。
4. 劳动者被依法追究刑事责任的。
5. 劳动者患病或非因工负伤,医疗期满后,不能从事原工作也不能从事由用人单位另行安排的工作的。
6. 劳动者不能胜任工作,经过培训或者调整工作岗位,仍不能胜任工作的。
7. 劳动合同订立时所依据的客观情况发生重大变化,致使原劳动合同无法履行,经当事人协商不能就变更劳动合同达成协议的。

用人单位在后三种情况下解除劳动合同,应当提前30天以书面形式通知劳动者,从而使其有一段寻找新工作的时间。

八、什么情况下劳动合同终止

劳动合同终止是指由劳动合同确定的权利义务关系的消亡,即劳动法律关系的结束。

根据我国《劳动法》第二十三条的规定:劳动合同期满或者当事人约定的劳动合同终止条件出现,劳动合同即行终止。这种终止属于自然终止。如果在劳动合同履行期间,劳动合同一方当事人消亡,如劳动者一方死亡或用人单位宣告破产等,劳动合同关系即行终止。另外,如果劳动争议仲裁机关裁决或人民法院判决终止劳动合同,由劳动合同确定的关系也告终止。这两种终止可以称为劳动合同的非自然终止。

劳动者与用人单位订立劳动合同时,在约定终止条件时要注意的一点是一些用人单位在与劳动者签订劳动合同时将不能解除劳动合同的规定约定为劳动合同终止条件,如《劳动法》第二十九条规定的内容,即劳动者有下列情形之一的,用人单位不得依据本法第二十六条、第三十七条的规定解除劳动合同:(1)患职业病或者因工负伤并被确认丧失或者部分丧失劳动能力的;(2)患病或者负伤,在规定的医疗期内的;(3)女职工在孕期、

产期、哺乳期的;(4)法律、行政法规规定的其他情形。

九、什么情况下可以变更劳动合同

务工者如果认为原来的劳动合同的部分内容需要修改,应该事先告诉用人单位,并且要经过用人单位的同意。但是,在这之前劳动者应该进行认真考虑,因为变更劳动合同涉及双方的权利和义务。

劳动合同的变更和劳动合同的签订一样,在平等自愿、协商一致的基础上进行,并且不能违反法律和行政法规的规定,任何一方不能擅自变更劳动合同。

一般来说,劳动合同变更的条件大致有以下三个方面:

1. 用人单位方面的原因,如用人单位调整生产任务、转产、企业合并、分立等。

2. 务工者方面的原因,如因意外事故致伤、致残,经劳动鉴定委员会确认部分丧失劳动能力,用人单位需要另行安排工作的。

3. 客观方面的原因,如国家经济政策的调整、自然灾害的影响等。

劳动合同变更时,双方当事人应当再签订一份劳动合同变更通知或协议,采取书面形式才具有法律效力。

十、集体合同的订立

《劳动合同法》第五十一条规定:企业职工一方与用人单位通过平等协商,可以就劳动报酬、工作时间、休息休假、劳动安全卫生、保险福利等事项订立集体合同。集体合同草案应当提交职工代表大会或者全体职工讨论通过。集体合同由工会代表企业职工一方与用人单位订立,尚未建立工会的用人单位,由上级工会指导劳动者推举的代表与用人单位订立。

在县级以下区域内,建筑业、采矿业、餐饮服务业等行业可以由工会与企业方面代表订立行业性集体合同,或者订立区域性集体合同。

集体合同按如下程序订立:(1)讨论集体合同草案或专项集体合同草案。经双方代表协商一致的集体合同草案或专项集体合同草案应提交职工代表大会或者全体职工讨论。(2)通过草案。全体职工代表半数以上或者全体职工半数以上同意,集体合同草案或专项集体合同草案方获通过。(3)集体协商双方首席代表签字。

集体合同的生效与劳动合同的生效不同,法律对集体合同的生效规定了特殊程序:集体合同订立后,应报送劳动行政部门,劳动行政部门自收到集体合同文本之日起 15 日内未提出异议的,集体合同即行生效。依法订立的集体合同对用人单位和劳动者具有约束力。行业性、区域性集体合同对当地本行业、本区域的用人单位和劳动者具有约束力。

第五章
提高素质走天下

一、做合格的好员工

"今天工作不努力,明天努力找工作。"拥有一份工作不容易,要倍加珍惜,不断努力,争取做一名合格的好员工,在就业竞争激烈的环境下立于不败之地。

1. 有责任心。对工作要认真,有事业心和责任感,这是成为一名合格员工的首要条件。对于自己的本职工作一定要力求完美、尽职尽责,不能马马乎乎,随随便便应付了事。

2. 有进取心。不因为自己拥有了一份相对固定的工作和岗位就轻易满足,应该有更高的追求和更远大的理想。如果一个人不思进取,在竞争中就会处于劣势,最终被淘汰。

3. 讲公德、有爱心。把自己当成企业的主人,拥有爱心,主动向需要帮助的人伸出援手。爱护公共设施,维护公共环境,不因为是大家共有的物品就铺张浪费。

4. 有敬业精神。三百六十行,行行出状元。要热爱自己选择的职业和岗位,踏踏实实、兢兢业业,认真做好自己分内的每一件事,不因情绪的变化导致工作热情和工作标准产生变化。

5. 多思考,勤学习。遇到事情要多思考,善于总结经验,查找问题,养成勤学习的好习惯。知无涯,学无境。不仅要向书本学,还要向身边的同事学,在工作岗位上学,通过学习不断增强自身竞争力。

6. 参加各类业务活动。在做好本职工作的基础上,要积极参加单位的其他活动,包括公益劳动、文艺活动和志愿服务等。这些活动不仅体现一个人的思想素养和对生活的态度,也给周围其他人带来欢乐,赢得其他同事的好感。

7. 营造良好的同事关系。在工作上,尽量不要因为自己的利益得失而同其他同事斤斤计较。不要随便议论别人。与同事一起合作,遇到观点不同时,应当面提出建议性的意见,尽可能不否定对方。与同事要友好相处,但不能搞小团体。

8. 学会与上司处关系。与上司相处,重要的是要学会不卑不亢,所谓的不卑不亢就是对上司不能一味地逢迎,要勇于坚持自己的见解,但不固执。不要受人欺负,当自己的利益明显受到伤害时,要敢于说"不"。在他人的眼里,你应该是个有思想、有见解、善解人意的人。

二、身有技术好赚钱

在针对我国5287家企业调查中,有3563家企业90%以上的岗位要求初中以上文化程度,20%以上的岗位需要高中以上文化程度。在技能方面,80%的岗位需要初级工资格,其中13%的岗位需要具备中级工资格。熟练程度方面,81%的岗位需要熟练工人。

当前用工市场对高技能人才和技工的需求量较大,有经验的技工可以直接上手,省去了相当大一笔技能培训费用,这是企业对有经验技术工人青睐的主要原因。

近日,南京日报有一篇文章《白领工资不如民工陷窘境 钻孔工1个月赚1.8万》。建筑工地上"最便宜"的工种,底薪120元一天;家装公司聘请泥瓦工,开价每天200元;钻孔师傅月收入1万多元……在很多人眼里,农民工是"贫穷"的代名词,然而日前,记者在采访中了解到,农民工的收入并不低,尤其是从事一些技术工种的农民工的月收入甚至超过白领。

据统计,如今,一个熟练木瓦工、钢筋工的月收入一般都在4000元左右。在招聘市场,往往会是"冰火两重天"的情况,没有技术的务工人员到处找工作,并且用工单位条件要求苛刻,工资待遇低,有技术的务工人员到处遭用工单位争抢,并且可拿到优厚的报酬。在市场竞争日益白热化的今天,企业要求得生存和发展,必然要追求利润,有技术的务工人员拥有一技之长且又能吃苦,可以及时有效地开展生产经营,为企业创造大量看得见、摸得着的真金白银,企业当然会给予相应较高的报酬。

从近几年的"用工荒"也不难看出,一边是企业急着招人,一边是务工人员急着找工作。原因就在于许多企业提高了用工的"技术门槛",需要大量有经验的技术工,对单纯的体力劳动者需求量逐步减小,而当前很多务工人员却是身无一技之长的普工。

务工人员要充分认识当前就业市场的供求关系,从技术上提升自己,在市场竞争中占据有利地位。

三、影响同事间关系的几种行为

务工人员都是来自四面八方,不同的生活环境、语言习惯等会产生不同的行为方式与思维方式。处理好与周边同事之间的关系,不仅有利于日常工作的开展,还会为自己带来愉悦的心情,同事间的彼此关照也会为远在异乡的自己增添温暖。因此,处理好同事关系尤为重要,以下几种行为切不可取:

1. 猜忌心重。总是疑神疑鬼,对身边的人事事提防。不与别人交流,并且在别人发表议论时,喜欢对号入座,怀疑别人话中有话,针对自己。与同事之间有了误会,不当面说清楚,一个人放在心里胡思乱想。

2. 搞小团体。以个人喜好或地域为个人交友的标准,在工作地点总是排斥不属于这个"圈子"以内的人,总是和固定几个人打得火热。

3. 好事不分享。不管是和个人有关的好事还是和大家有关的好事,当自己得知消息时,不是选择与大家一起分享,而是偷偷摸摸地提前有了行动。比如单位里发物品、领奖金等,先知道了或者已经领了,一声不响地坐在那里,像没事人似的,从不向大家通报一下,有些东西可以代领的,也从不帮人领一下。

4. 背地议论。总是三五个人聚在一起,私下里议论领导或者同事,或者到处打听别人的私事。总以为自己知道了些内幕,到处散播、四处评论。有些时候可以向同事提些建议,可是却不当面讲,选择背后说。

5. 得理不饶人。总在嘴巴上占便宜,也绝不肯以自己吃亏而告终。有些人喜欢争辩,有理要争理,没理也要争三分,一旦自己占了上风,就死死抓住不放,非要让对方败下阵来不可;有些人对本来就争不清的问题,也想要争个水落石出。

6. 明白装糊涂。同事有事出去了,这时正好有人来找他,或者正好来电话找他,自己却像完全不知情一样,一律推说不知道。有同事向自己请教或咨询问题时,明明自己知道却装糊涂,表现出听不懂或不知情。

7. 进出不告知。有事要外出一会儿,或者请假不上班,虽然批准请假的是领导,但你最好要同同事说一声。即使你临时出去半个小时,也要与同事打个招呼。这样,倘若领导或熟人来找,也可以让同事有个交代。

8. 有事不肯向同事求助。有时求助别人能表明你对别人的信赖,能融洽关系,加深感情。当自己有事时,同事有表现出关心和愿意相助的意愿,自己却偏不肯求助,同事反而会觉得是你对他人不信任。

四、掌握说话的技巧

对话是人们交流的主要方式,掌握说话的技巧尤为重要,与人交谈中,应该注意以下几点:

1. 面面相谈。也就是说要和对方面对面地说话,切忌把头转开和别人交谈,这样对方就觉得你不尊重他。

2. 面容和善。不要总是愁眉苦脸的,就算自己有什么不高兴的事也不要通过你的面色传染给对方。

3. 切忌以自我为中心。与人交谈时别人都喜欢听关于他的事或者他感兴趣的事,所以应该多了解对方的喜好,谈一些对方感兴趣的话题。

4. 懂得赞赏对方。这里并不是拍马屁的意思。你要懂得去赞扬对方优秀的地方,切忌指责别人的缺点,揭别人的伤疤。

5. 三思而后言。不要想说什么就说什么,要考虑一下对方的承受能力,说出来后会有什么样的反应。

以下几种情况会是经常遇到的,因此,在语言的表述上,一定要注意:

1. 应答上司交代的工作

冷静、迅速地做出回应,会让上司直观地感觉你是一个工作讲效率、处理问题果断,并且服从领导的好下属。如果你犹豫不决,只会让上司不快,会给上司留下优柔寡断的印象,下次重要的机会可能就轮不到你了。建议:"我立即去办。"

2. 勇于承认自己的过失

犯错误在所难免,所以勇于承认自己的过失很重要,推卸责任只会使你错上加错。不过,承认过失也有诀窍,就是不要所有的错误都自己扛,下面这句话可以转移别人的注意力,淡化你的过失。建议:"是我一时疏忽,不过幸好……"

3. 正确面对批评

面对批评或责难,不管自己有没有不当之处,都不要将不满写在脸上,但要让对方知道,你已接收到他的信息,不卑不亢让你看起来又自信又稳重,更值得敬重。建议:"谢谢你告诉我,我会加以改正和注意的。"

五、换工作的注意事项

在下列情况下,可以考虑变换工作:

1. 违法违乱的工作。合法的工作是前提。如果发现所做的工作与国家相关法律、法规相违背的话,就要果断地停止工作,想办法及时脱离这样的工作单位和工作关系,必要的话可以向有关部门举报,请他们帮助你摆脱困境。

2. 年龄、身体不适应的工作。随着年龄的增长、体质的变化,原来从事的一些重体力劳动,就会变得越来越不适应,如果勉强做下去会严重影响身体健康。由于生病等原因造成的体质发生变化,不再适合从事当前工作,这种情况下也要考虑适时转换工作。

3. 对现有工作不适应的情况。当工作条件过于恶劣、危险或人际关系过于复杂,对身心产生不良影响时,那么就该及时将这份工作辞掉,换一个更适合的工作。

4. 付出与回报不成比例的工作。认认真真、踏踏实实地将自己的本职工作做得很出色,却没有拿到相应的报酬,并且这种现状又无法解决时,应该考虑更换一份更合适的工作。

5. 没有发展前途的工作。如果现在从事的行业或岗位正在衰落、没有发展前景或面临倒闭,不要勉强干下去,要从这个行业或岗位上脱离出来,另谋一个有利于自己发展的工作。

6. 自身素质提高后。许多进城务工人员在参加工作后,积极主动地学习文化知识,掌握现代科技,迅速提高了自身的素质。原有的简单工作已经不适应自己继续发展的需要,而且又有从事更高级工作的可能,这时就需要转换自己的工作。

7. 个人职业兴趣发生变化时。在城市工作、生活过程中,知识、技能、兴趣可能会发生变化。当你的兴趣与现在所从事的工作不相符时,不妨换一份感兴趣的工作。

8. 与职业生涯规划相冲突时。在任何社会、任何体制下,个人职业设计都十分重要,它是人的职业生涯发展的真正动力和加速器,其实质是追求最佳职业生涯发展道路的过程。如果你当前的工作与你长期的职业规划相冲突时,应坚定地按照规划一步步实施下去,换一份更有长远发展前景的工作。

换工作不能随心所欲,一定要慎重对待,当你出于某种原因需要换工

作时,要注意以下问题:

1. 要看劳动合同是否到期。参加工作之后都要签订劳动合同,如果合同约定工作一年,你只工作了半年就要辞职,那么一般要承担一定的责任,比如缴纳违约金等。这些都会在合同中有体现。

2. 不能好逸恶劳。任何工作都有其有利和不利的一面。如果只看到现有工作的困难之处,一心想换份轻松、待遇高的工作,恐怕永远也不能如愿以偿,其结果往往是既丢了已有工作,又找不到新工作。

3. 不能唯利是图。如果把追求高收入作为转换工作的唯一目标,忽视自身条件和进一步发展的需要。以牺牲自己的长远利益换取眼前暂时的利益,同样是得不偿失。

4. 不能随波逐流。不要因为看到某一行业非常热门,就随大流、凑热闹,纷纷选择这种工作。频繁转换职业的结果往往是新技术没学会,原有的知识、技能也被荒废了。

5. 不能好高骛远。换工作前先认真衡量一下自己的能力,看看是不是真的达到可以换一份更好工作的水平,如果自己的能力达不到新工作所要求的水平,就不要轻易转变工作,否则即使得到了新工作也不能保住这份工作。

6. 不能感情用事。不能由着自己的性子,因为一点小事、一点小矛盾就将已经熟悉的工作轻易放弃,那样对自己是个损失。

7. 跳槽应以职业目标为中心。对于职场人士来说,发展空间的大小与整个职业生涯息息相关,发展空间包括升职、加薪、创业、成就感几方面。具备这些发展空间除个人主观因素——核心竞争力积累等外,所在公司的客观因素——能否提升你的职业含金量,也是必不可少的。

8. 彻底摸清跳槽对象再行动。确定目标公司,了解其所在的行业的基本状况,对企业经营状况、企业文化有所了解。择业的重心应依企业规模而异:大型企业选文化,中型企业选行业,小型企业选老板。

9. 不要为找工作提前辞职。转职前的准备工作很重要,不能什么都没准备好,抬腿就走人,导致跳槽的成本高,这是不理智的选择。

六、自信、勤奋、有毅力是取得成功的关键

自信+勤奋+有毅力=成功。每个人都是奇迹的创造者,平常人只要自信、勤奋、有毅力,都可以创造奇迹。

永远坚信:相信自己能,就能办得到。因为奇迹的生活是由相信自己的人创造出来的。没有什么是不可以实现的,只要你够努力。

以自信作为自己的起点,勤奋地学习,有毅力地坚持下去,锲而不舍,持之以恒。不怕起点低,就怕志不坚。为学须刚与恒,不刚则隳隳,不恒则退。学贵有恒,耐心和持久胜过激情和狂热。

一个人如果做事没有毅力是任何事也做不成功的。

世间最容易的事常常也是最难做的事,最难的事也是最容易做的事。说它容易,是因为只要愿意做,人人都能做到;说它难,是因为真正能做到并持之以恒的,终究只是极少数人。巨大的成功靠的不是力量而是韧性,竞争常常是持久力的竞争。有恒心者往往是笑到最后、笑得最好的胜利者。所以,唯有坚持才会有效。失败只有一种,那就是半途而废。

冰冻三尺非一日之寒,滴水穿石非一日之功。保持恒心,不放弃努力,就还会有机会。胜利属于最有毅力的人。坚持,是取得胜利的保证。

七、学会控制自己的情绪

情绪是指人对认知内容的特殊态度,是以个体的愿望和需要为中介的一种心理活动。心理学的研究表明,情绪可以影响人的行为,人的行为反过来也可以影响人的情绪。在生气时,首先要让自己深呼吸,冷静几分钟之后再做出决定。

(一) 转移分离法

将注意力转移到愉快的事情上去,分散自己的注意力。同时把烦恼化整为零,然后各个击破。不要把这个烦恼与别的烦恼联系起来,也不要自寻烦恼,人为地加以放大。具体的烦恼,具体地解决,不要算总账。

(二) 弱化烦恼法

减弱你的烦恼,对于非原则的刺激,我们必须学会紧紧地把住闸门,尽可能不听、不看、不感觉、不让它输入。如果输入了,就尽可能不联想、不思考、不记忆。

(三) 换位思考法

生气就是用别人的过错而惩罚自己。站在自己的角度上来看,可能是别人做得不对,但是换位思考的话,或许错误的事情就变成了正确的。因此,要学会体谅他人,原谅他人的过错,就会让自己的心情发生改变。

(四) 发泄法

寻求另外的一种刺激,来发泄自己的情绪,比如,通过运动、大声呼喊、听音乐、撕报纸等方法来进行发泄。

(五) 情绪表达法

情绪受到影响时,可以找知心的好友谈心,说出自己的烦恼和生气的事情,通过好友开导自己。或者把生气的事情写到纸上,写出来之后,自己的心情会觉得好转。

第六章
上岗了解诸多事

一、了解各种保险

保险是以契约形式确立双方经济关系,以缴纳保险费建立起来的保险基金,对保险合同规定范围内的灾害事故所造成的损失,进行经济补偿或给付的一种经济形式。保险是最古老的风险管理方法之一。保险合约中,被保险人支付一个固定金额(保费)给保险人,前者获得保证,在指定时期内,后者对特定事件或事件组造成的任何损失给予一定补偿。随着我国社会经济不断发展,保险种类不断完善。常见的保险有以下几种。

(一)养老保险

养老保险是社会保障制度的重要组成部分,是社会保险五大险种中最重要的险种之一。所谓养老保险(或养老保险制度)是指国家和社会根据一定的法律和法规,为解决劳动者在达到国家规定的解除劳动义务的劳动年龄界限,或因年老丧失劳动能力退出劳动岗位后的基本生活而建立的一种社会保险制度。

根据《社会保险费征缴暂行条例》规定,用人单位应当在成立之日起30日内,持营业执照或者登记证书等有关证件,到当地社会保险经办机构申请办理社会保险登记。社会保险经办机构审核后,发给社会保险登记证件。用人单位的社会保险登记事项发生变更或者用人单位依法终止的,应当自变更或者终止之日起 30 日内,到社会保险经办机构办理变更或者注销社会保险登记手续。

用人单位必须按月向社会保险经办机构申报应缴纳的社会保险费数额,经社会保险经办机构审核后,在规定的期限内缴纳社会保险费。职工个人应当缴纳的社会保险费,由所在单位从其本人工资中代扣代缴。社会保险经办机构应当按规定建立和记录个人账户。

(二) 失业保险

失业保险是指国家通过立法强制实行的,由社会集中建立基金,对因失业而暂时中断生活来源的劳动者提供物质帮助的制度。它是社会保障体系的重要组成部分,是社会保险的主要项目之一。

《失业保险条例》所指失业人员只限定为在法定劳动年龄内有劳动能力的就业转失业的人员。根据规定,我国目前的法定劳动年龄是男性16周岁至60周岁,女性16周岁至50周岁。体育、文艺和特种工艺单位按照国家规定履行审批程序后可以招用未满16周岁的未成年人。对企业中男性年满60周岁、女性年满50周岁的职工和机关事业单位中男性年满60周岁、女性年满55周岁的职工实行退休制度,对从事有毒、有害工作和符合条件的患病、因工致残职工可以降低退休年龄。

失业保险待遇由失业保险金、医疗补助金、丧葬补助金、抚恤金、职业培训补贴和职业介绍补贴等构成。失业保险待遇中最主要的是失业保险金,失业人员只有在领取失业保险金期间才能享受其他各项待遇。失业保险待遇中,医疗补助金是失业人员患病就医时在失业保险经办机构领取的补助,标准由各省、自治区、直辖市人民政府确定,一般包括每月随失业保险金一同发放的门诊费和按规定比例报销的医疗费两部分。失业人员在领取失业保险金期间死亡的,其家属可以领取一次性丧葬补助金和抚恤金,标准参照当地在职职工的规定。职业培训补贴和职业介绍补贴是为了鼓励和帮助失业人员尽快实现再就业而从失业保险基金中支付的费用,一般说来职业介绍补贴支付给职业介绍机构,由他们为失业人员免费介绍职业,而职业培训补贴的支付办法则不同,有些是直接发给失业人员,有些则是失业人员培训后报销,还有的是对培训失业人员的培训机构进行补贴。

(三) 大病医疗保险

大病医疗保险是指为保障城镇职工重大疾病医疗需求而建立的专项医疗保险基金,用于支付参加城镇职工基本医疗保险的参保人员,年度内累计发生的超过基本医疗保险最高支付限额以上(4万元)的医疗费用(不含应自付费用)。凡参加基本医疗保险的参保人员,每年每人向市、区社会保险局缴纳48元大病医疗保险费,在发生超过基本医疗统筹基金最高支付限额以上的医疗费用,由社会保险部门按4万元以下报销85%,4万至8万元以下报销90%,8万元以上报销95%。每一医疗年度内,最高支付限额为人民币15万元。

大病统筹基金的支付标准及报销范围,职工患病、非因工负伤一次性住院的医疗费用或30日内累计超过2000元以上的部分(不包括自费部分、个人负担部分)属于大病统筹基金支付范围,采取分档计算,累加支付的办法,即:(1)2000元以上5000元以下的部分支付90%;(2)5000元以上1万元以下的部分支付85%;(3)1万元以上3万元以下的部分支付80%;(4)3万元以上5万元以下的部分支付85%;(5)5万元以上的部分支付90%(前款各项所称"以上"不含本数,"以下"含本数)。

(四) 工伤保险

工伤保险是指劳动者在工作中或在规定的特殊情况下,遭受意外伤害或患职业病导致暂时或永久丧失劳动能力以及死亡时,劳动者或其遗属从国家和社会获得物质帮助的一种社会保险制度。它包含以下两层含义:(1)工伤发生时劳动者本人可获得物质帮助;(2)劳动者因工伤死亡时其遗属可获得物质帮助。

工伤保险的特点:(1)工伤保险对象的范围是在生产劳动过程中的劳动者。由于职业危害无所不在,无时不在,任何人都不能完全避免职业伤害,因此工伤保险作为抗御职业危害的保险制度适用于所有职工。任何职工发生工伤事故或遭受职业疾病,都应毫无例外地获得工伤保险待遇。(2)工伤保险的责任具有赔偿性。工伤即职业伤害所造成的直接后果是伤害职工生命健康,并由此造成职工及家庭成员的精神痛苦和经济损失,也就是说劳动者的生命健康权、生存权和劳动权受到影响、损害甚至被剥夺,因此工伤保险是基于对工伤职工的赔偿责任而设立的一种社会保险制度,而其他社会保险是基于对职工生活困难的帮助和补偿责任而设立的。(3)工伤保险实行无过错责任原则。无论工伤事故的责任归于用人单位还是职工个人或第三者,用人单位均应承担保险责任。(4)工伤保险不同于养老保险等险种,劳动者不缴纳保险费,全部费用由用人单位负担。即工伤保险的投保人为用人单位。(5)工伤保险待遇相对优厚,标准较高,但因工伤事故的不同而有所差别。(6)工伤保险作为社会福利,其保障内容比商业意外保险要丰富。除了在工作时的意外伤害,也包括职业病医疗费用的报销、急性病猝死保险金和丧葬补助(工伤身故)等。

2010年12月20日,国务院第136次常务会议通过了《国务院关于修改〈工伤保险条例〉的决定》,对2004年1月1日起施行的《工伤保险条例》作出了修改,扩大了上下班途中的工伤认定范围,同时还规定了除现行规定的机动车事故以外,职工在上下班途中受到非本人主要责任的非机动车交通事故或者城市轨道交通、客运轮渡、火车事故伤害,也应当认定为工伤。

在赔付方面,医疗费用通常是由工伤保险先报销后,商业保险扣除已赔付部分对剩下的金额进行赔偿。身故或残疾保险金则是分别按照约定额度给付,不存在冲突现象。通常建议将商业意外险作为社会保社的补充和完善。

(五) 生育保险

生育保险是国家通过社会保险立法,对生育女职工给予经济、物质等方面帮助的一项社会政策,其宗旨在于通过向生育女职工提供生育津贴、产假以及医疗服务等方面的待遇,保障她们因生育而暂时丧失劳动能力时的基本经济收入和医疗保健,帮助生育女职工恢复劳动能力,重返工作岗位,从而体现国家和社会对妇女在这一特殊时期给予的支持和爱护。

职工应当参加生育保险,由用人单位按照国家规定缴纳生育保险费,职工不缴纳生育保险费。

目前,我国生育保险的现状是两种制度并存。第一种是由女职工所在单位负担生育女职工的产假工资和生育医疗费。根据国务院《女职工劳动保护规定》以及劳动部《关于女职工生育待遇若干问题的通知》,女职工怀孕期间的检查费、接生费、手术费、住院费和药费由所在单位负担,产假期间工资照发。第二种是生育社会保险。根据劳动部《企业职工生育保险试行办法》规定,参加生育保险社会统筹的用人单位,应向当地社会保险经办机构缴纳生育保险费;生育保险费的缴费比例由当地人民政府根据计划内生育女职工的生育津贴、生育医疗费支出情况等确定,最高不得超过工资总额的1%,职工个人不缴费。参保单位女职工生育或流产后,其生育津贴和生育医疗费由生育保险基金支付。生育津贴按照本企业上年度职工月平均工资计发,生育医疗费包括女职工生育或流产的检查费、接生费、手术费、住院费和药费(超出规定的医疗服务费和药费由职工个人负担)以及女职工生育出院后,因生育引起疾病的医疗费。

二、哪些单位需要为职工办理基本养老保险

基本养老保险是国家根据法律、法规的规定强制建立和实施的一种社会保障制度。在这一制度下,用人单位和劳动者必须依法缴纳养老保险

费,在劳动者达到法定退休年龄后,社会保险经办机构依法向其支付养老金等待遇,从而保障其基本生活。

基本养老保险费的征缴范围是国有企业、城镇集体企业、外商投资企业、城镇私营企业和其他城镇企业及其职工、实行企业化管理的事业单位及其职员。

三、哪些单位和个人需要参加失业保险

失业保险是对劳动年龄内有就业能力并有就业愿望的人,由于非本人原因而失去工作,无法获得维持生活必需的工资收入,在一定期间内由国家和社会为其提供基本生活保障的社会保险制度。

失业保险费的征缴范围是国有企业、城镇集体企业、外商投资企业、城镇私营企业和其他城镇企业及其职工、事业单位及其职工。此外,社会团体及其专职人员、民办非企业单位及其职工、有雇工的城镇个体工商户及其雇工是否参加失业保险,由省级人民政府确定。如果省级人民政府规定将上述单位及其职工纳入了失业保险的范围,这些单位和人员就应参加失业保险。

四、哪些单位和个人需要参加基本医疗保险

基本医疗保险是为补偿劳动者因疾病风险造成的经济损失而建立的一项社会保险制度。通过用人单位和个人缴费,建立医疗保险基金,参保人员患病就诊产生医疗费用后,由医疗保险经办机构给予一定的经济补偿,以避免或减轻劳动者因患病、治疗带来的经济风险。

城镇所有用人单位,包括企业(国有、集体、外商投资、私营等性质的企业)、机关、事业单位、社会团体、民办非企业单位及其职工,都要参加基本医疗保险。

五、哪些单位必须参加工伤保险

《工伤保险条例》(2010年12月20日《国务院关于修改〈工伤保险条例〉的决定》修订)第二条规定:中华人民共和国境内的企业、事业单位、社会团体、民办非企业单位、基金会、律师事务所、会计师事务所等组织和有雇工的个体工商户应当依照本条例规定参加工伤保险,为本单位全部职工

或者雇工缴纳工伤保险费。

六、务工人员如何参加失业保险

城镇企业、事业单位招用的进城务工人员参加失业保险,由用人单位负责办理相关手续,并缴纳费用,本人不缴纳失业保险费。

七、务工人员如何参加基本医疗保险

与用人单位建立劳动关系的进城务工人员可以和城镇职工一样随用人单位统一参加医疗保险。医疗保险费用由用人单位和职工共同缴纳,职工缴纳的部分由用人单位从职工工资中代扣代缴。参保期间,进城务工人员就诊产生的医疗费用由医疗保险机构按规定支付。

八、务工人员基本养老保险关系能否转移接续

我国出台的《城镇企业职工基本养老保险关系转移接续暂行办法》要求人员跨省就业,基本养老保险关系可在跨省就业时随同转移。办理转移手续的参保单位或个人,只要手续资料齐全,社保经办机构可以即时办理相关手续。

第 七 章
工资问题应知晓

一、什么是标准工作时间

为了防止用人单位强迫劳动者长时间劳动,国家对劳动者的标准工作时间作了规定。一是《劳动法》第三十六条的规定:"国家实行劳动者每日工作时间不超过 8 小时,平均每周工作时间不超过 44 小时的工时制度。"二是国务院 1995 年修订的《关于职工工作时间的规定》第三条的规定:"职工每日工作 8 小时,每周工作 40 小时。"

这两个规定并不矛盾,前一个是对劳动者工作时间上限的规定,后一个则是对前一个规定的具体化。因此,凡是实行标准工作时间的用人单位,每周工作时间不得超过 40 小时,超过就应该支付加班费。

根据国家规定,用人单位延长工作时间,一般每天不得超过 1 小时,因特殊原因需要延长工作时间的,在保障务工者身体健康的条件下每天不得超过 3 小时,每月累计不得超过 36 小时。如果超过这一限度,就是违法行为,应当承担相应的法律责任。

但是,当出现可能危害国家、集体和人民生命财产安全的紧急事件时,用人单位可以直接决定延长工作时间,延长幅度根据需要而定,不受限制,并且不需要和工会及务工者协商。这些情况是:

1. 发生自然灾害、事故或者因其他原因,需要紧急处理的,如地震、洪水、抢险、交通事故等。

2. 生产设备、交通运输线路、公共设施发生故障,必须及时抢修的,如自来水管道、下水管道、煤气管道泄露或堵塞的。

3. 法律、行政法规规定的其他情形。例如,在法定节日和公休假日内工作不能间断,必须连续生产、运输或者营业的;必须利用法定节日或公休假日的停产期间进行设备保修、保养的;为了完成国防紧急生产任务的;为了完成国家下达的其他紧急生产任务的等。

二、务工人员的工作时间

工作时间,又称劳动时间,是指法律规定的劳动者在一昼夜和一周内从事劳动的时间。工作时间的长度由法律直接规定,或由集体合同或劳动合同直接规定。劳动者或用人单位不遵守工作时间的规定或约定,要承担相应的法律责任。工作时间不限于实际工作时间。工作时间的范围,不仅包括作业时间,还包括准备工作时间、结束工作时间以及法定非劳动消耗时间。其中,法定非劳动消耗时间是指劳动者自然中断的时间、工艺需中断时间、停工待活时间、女职工哺乳婴儿时间、出差时间等。此外,工作时间还包括依据法律、法规或单位行政安排离岗从事其他活动的时间。

三、与务工人员相关的工资报酬

务工人员的工资报酬,即我们通常所说的工资,有不同的定义方式。在一般理解上,工资有广义与狭义之分。广义上的工资泛指人们从事各种劳动而获得的货币收入或有价物。它既包括国家公职人员的各种收入,也包括公民个人因加工承揽、委托、运输、约稿等各种劳动的收入。狭义的工资则专指《劳动法》中所调整的劳动者基于劳动关系取得的各种劳动收入。我们这里所指的务工人员劳动报酬是指后一种含义的工资。

工资的定义要点有三:其一,工资是劳动力个人所有权的实现;其二,工资是劳动报酬的主要分配形式;其三,工资是劳动者劳动获得的个人收入。《劳动法》中所称的工资不包括支付给劳动者的保险福利费用及其他非劳动收入。

我国《工资管理规定》将劳动报酬分为计时工资、计件工资、奖金、津贴和补贴、加班加点工资和特殊情况下支付的工资六项。其一,计时工资是指按计时工资标准(包括地区生活费补贴)和工作时间支付给个人的劳动报酬;其二,计件工资是指对已做工作按计件单价支付的劳动报酬;其三,奖金是指支付给职工的超额劳动报酬和增收节支的劳动报酬;其四,津贴和补贴是指为了补偿职工特殊或额外的劳动消耗和因其他特殊原因支付给职工的津贴,以及为了保证职工工资水平不受物价影响支付给职工的物价补贴;其五,加班加点工资是指按规定支付的加班工资和加点工资;其六,特殊情况下支付的工资包括根据国家法律、法规和政策规定,因病、工伤、产假、计划生育假、婚丧假、事假、探亲假、定期休假、停工学习、执行国家或社会义务等原因按计时工资标准或计时工资标准的一定比例支付的工资和附加工资、保留工资。

四、加班工资的计算方法

务工者在正常工作时间之外加班加点,是牺牲了自己的一部分休息时间,因此,按照国家规定,应该获得更高的工资报酬作为补偿。

对于很多外出务工者来说,加班加点是常事。就业者应当把加班加点后得到的工资报酬与国家法律的相关规定作比较,以维护自身利益。

按照法律法规的规定,加班的报酬应该这样计算:

1. 安排劳动者延长工作时间的,支付不低于工资的150%的工资报酬。
2. 休息日安排劳动者工作又不能安排补休的,支付不低于工资的200%的工资报酬。
3. 法定休假日安排劳动者工作的,支付不低于工资的300%的工资报酬。

五、工资应多久支付一次

通常情况下,工资应当以货币形式按月支付给劳动者,实行周、日、时工资制的,也可以按每周、每天、每小时支付工资。劳动关系双方依法解除或终止劳动合同时,用人单位应在解除或终止劳动合同时一次性付清劳动者工资。不得克扣或者无故拖欠劳动者的工资。

劳动者在法定休假日和婚丧期间以及依法参加社会活动期间,用人单位应当依法支付工资。

劳动合同解除或者终止后,劳动者和用人单位之间就不存在劳动关系了。用人单位应在解除或者终止劳动合同时一次性付清劳动者工资。

六、用工单位可以扣发务工者的哪部分工资

根据规定,用人单位在下列情况下可以扣发劳动者的部分工资:

1. 用人单位代扣代缴的个人所得税。
2. 用人单位代扣代缴的应由劳动者个人负担的各项社会保险费用。
3. 法院判决、裁定要求代扣的抚养费、赡养费。

4. 法律、法规规定可以从劳动者工资中扣除的其他费用。

七、什么是最低工资

最低工资是指劳动者在法定工作时间提供了正常劳动的前提下,其所在用人单位必须按法定最低标准支付的劳动报酬。它不包括加班加点工资,中班、夜班、高温、低温、井下、有毒有害等特殊工作环境、条件下的津贴,以及国家法律、法规、政策规定的劳动者保险、福利待遇和企业通过贴补伙食、住房等支付给劳动者的非货币性收入等。

正常劳动是指劳动者按依法签订的劳动合同约定,在法定工作时间或劳动合同约定的工作时间内从事的劳动。劳动者依法享受带薪年休假、探亲假、婚丧假、生育(产)假、节育手术假等国家规定的假期间,以及法定工作时间内依法参加社会活动期间,视为提供了正常劳动。

八、务工者每月最低工资应为多少

现在,我们国家对城市实行最低工资保障制度。但是,由于我国各个地区的经济发展水平不一样,工资水平和消费水平也不一样,各地区的最低工资标准也不一样。在城市务工,无论干什么工作,工资都不得低于当地最低工资标准。

因此,外出务工者到达务工地后,要及时了解当地的最低工资标准,以确认自己的工资水平是不是低于这一标准。

如果发现用人单位支付的工资低于最低工资标准,劳动者可以通过以下三种方式解决:

1. 与企业进行协商。
2. 可以向当地政府劳动争议仲裁机构申诉,通过调解仲裁方式解决。
3. 向劳动行政部门劳动监察机构举报,由劳动行政部门依法对企业违法行为调查处理。

用人单位违反最低工资标准,一般承担以下三种形式的法律责任:

1. 补足欠付职工的工资。
2. 劳动行政部门视具体情况责令企业向职工支付经济补偿金。
3. 对企业罚款,罚款所得上缴国家。

第 八 章
维护权益靠法律

一、务工人员享有的基本权利和应当履行的义务

根据我国《劳动法》第三条的规定,劳动者享有以下基本权利:
1. 平等就业和选择职业。
2. 取得劳动报酬。
3. 休息休假。
4. 获得劳动安全卫生保护。
5. 接受职业技能培训。
6. 享受社会保险和福利。
7. 提请劳动争议处理。
8. 法律规定的其他劳动权利,如组织和参加工会的权利等。

除了享有以上各项权利外,进城务工者还应当履行以下基本义务:
1. 遵守国家计划生育政策。
2. 遵守国家法律法规和城市管理条例。
3. 维护公共秩序,遵守社会公德。
4. 爱护公共财产,维护国家利益。
5. 依法纳税。

二、务工人员在劳动保护方面享有的权利和应当履行的义务

劳动保护是指保护劳动者在生产过程中的生命安全与身体健康。劳动者的生命安全与身体健康不仅是劳动者自己工作和生活的基本条件,也是用人单位事业发展的需要,因为健康的劳动者可以为用人单位创造更多的财富。

劳动保护包括劳动安全和劳动卫生两个方面。

劳动安全是指在生产劳动过程中,防止中毒、车祸、触电、塌陷、爆炸、火灾、坠落、机械外伤等危及劳动者人身安全的事故发生。

劳动卫生是指对生产劳动过程中的不良劳动条件和各种有毒、有害物质的防范,或者是防范职业病的发生。

按照《劳动法》的规定,用人单位必须建立、健全劳动安全卫生制度,对劳动者进行劳动安全卫生教育,防止事故发生,减少职业危害。同时,用人单位必须为劳动者提供符合国家规定的劳动安全卫生条件和必要的劳动防护用品,对从事有职业危害作业的劳动者进行专门培训。

因此,为了保障自己的生命健康,劳动者如果发现用人单位没有采取相应的保护措施,就有权拒绝工作。同时,劳动者也应该严格遵守安全生产的规章制度,从防止事故作起,为自己的生命健康负责。

三、国家对女工的"四期"保护规定有哪些

所谓女工的"四期",是指女工的经期、孕期、产期和哺乳期。做好女工的"四期"保护,不仅关系到女工自己的身体健康,也可能关系到女工下一代的健康。因此,国家对此作出了以下专门的规定:

1. 经期保护。在女工经期,用人单位不得安排女工从事高空、低温、冷水和重体力劳动。如果从事这些劳动,不良的劳动条件可能会影响到女工的健康和生育能力。

2. 孕期保护。已婚但还没有怀孕的女工不能从事接触铅、汞、苯和镉等物质的工作,接触这些物质可能会使他们生育畸形的孩子。

怀孕的女工不允许从事的劳动范围为:①不能在对胎儿成长发育有害的场所工作,例如空气中含有铅及其化合物、汞及其化合物、苯、镉、铍、砷、氰化物、氮氧化物、一氧化碳、二氧化碳、氯等的场所;②不允许从事重体力劳动;③不允许从事伴有全身强烈震动的作业;④不允许从事频繁弯腰、攀高、下蹲的工作和电焊工作;⑤不允许从事高处作业;⑥怀孕7个月以上的妇女不得加班,尤其不得加夜班。

3. 产期保护。产期保护既包括生孩子之后的保护,也包括小产(即流产)之后的保护。女工在产期内享受一定时期的产假和正常的产期待遇。产假为90天,其中产前为15天,产后75天,难产的增加产假15天,生育多胞胎的,每多生一个增加产假15天,流产的,用人单位也要给予一定时间的产假,在产期内用人单位不得降低女工的基本工资。

4. 哺乳期保护。在哺乳期内,用人单位每天应给予女工两次哺乳时间,每次30分钟,不得安排女工在有害婴儿成长发育的场所工作,不能安排女工从事重体力劳动,不能安排女工加班。

四、未成年工的特殊劳动保护内容有哪些

未成年工是指年满16周岁不满18周岁的劳动者。由于未成年工的身体还没有完全发育成熟,从事某些工作会危害生长发育和身体健康。因此,国家对未成年人就业作出了一些保护性的规定,主要包括:

1. 用人单位不得安排未成年工从事矿山、井下及有毒、有害的工作。
2. 不得安排未成年工从事重体力劳动。
3. 不得安排未成年工从事其他禁忌从事的劳动,包括森林业伐木、归楞、流放作业、高空作业、放射性物质超标的作业以及其他会影响其生长发育的作业。
4. 要对未成年工定期进行健康检查。

一般来说,这些未成年人虽然已经可以参加工作,但其生理上和心理上还不成熟,家长最好不要让他们过早参加工作。如果能让他们在就业之前参加一两年的职业技术培训,掌握一些实用技术,在外出以后就能发挥自己的优势。

五、常见的侵犯务工人员合法权益的现象有哪些

从近些年的劳动争议案件来看,进城务工者权益受到侵犯主要集中在以下几个方面:

1. 用人单位克扣或无故拖欠工资。
2. 强行加班加点,却不付给延长工作时间的工资报酬。
3. 用人单位没有为就业者配备必要的劳动防护用具和劳动保护设施。
4. 女工和未成年工得不到特殊劳动保护。
5. 务工者患职业病、因工受伤、致残甚至死亡后,用人单位逃避责任。
6. 用人单位的内部规章制度与国家法律、法规冲突。
7. 用人单位收取抵押金,扣押进城就业者有效证件。
8. 随意辞退或开除务工者。

六、用工单位拖欠务工人员工资的常用方法有哪些

早在2003年,《央视国际》就报道了劳动保障部门公布的用工单位拖欠农民工工资的七种常用方法。

(一)年底给钱是行规

建筑行业的一些包工头们每月只发给务工者基本生活费,并承诺剩余部分年底一并发给他们。但到了年底,务工者却往往空等一场。

(二)部分工资明年发

有的建筑工地承包方就算是年底兑现务工者工资,也往往只发全年工资的80%,克扣的理由是"明年再给"。为了第二年继续有活干,并且拿回自己应得的那部分工资,务工者们只得忍气吞声。

(三)我和你们一样难

不少建筑工地的包工头们借口拿不到工程款,而不发给务工者工资,反而用"我也难啊"这样的话来骗取务工者的同情。

(四)口头协议好赖账

施工方与包工头口头商议好价钱,但因施工不满意而赖账,导致务工者得不到应有的报酬。

(五)濒临倒闭没有钱

老板的生意经营不下去了,于是就有理由欠着员工的工资不发。这种拖欠情况一般发生在餐饮、服装和家具生产制造等行业。

(六)人走茶凉不给钱

由于餐饮、娱乐、服务业的用工流动性较大,务工者一般没有与老板签定劳动合同。所以,当务工者主动提出辞职的时候,老板就可以借口影响生意而拖欠工资。

(七)找个借口少给钱

务工者违反了内部纪律或者损坏了机器设备,老板就以惩罚或赔偿为

理由拖欠工资不发。

随着国家对拖欠务工人员工资的治理力度不断加大,目前拖欠工资的现象有了很大的改观,但是用人单位采取变相的方式,侵害务工人员的权益。一是采用超时加班的方式,让务工者为自己制造更高的效益,而不给加班费;二是增加劳动强度;三是能拖就拖,能跑就跑,或者是以企业效益不好、资金周转困难等理由拖欠不发。

针对拖欠工资的情况,劳动保障部门给务工人员支招:首先,务工人员找工作的时候一定要先打听公司有没有拖欠工资的先例,从而把"危险"降到最低;其次,一定要和公司签订劳动合同,如果是外地人,还要记得申办《外来人员就业证》;最后,发工资的时候,务工人员要记得索要工资单作为发生拖欠时的凭证。如果不幸遇到了拖欠工资的情况,务工人员一定要及时到劳动监察和仲裁部门举报。

七、患了职业病该怎么办

务工者患职业病后,用人单位应该依法给予务工业者相应的经济补偿。务工业者需要注意以下程序和问题:

1. 务工者因工负伤或患职业病,用人单位应该按照国家和地方政府的规定提交工伤事故报告,或者经职业病诊断机构确诊后提交职业病报告。

2. 用人单位和务工者按规定向当地劳动行政部门后提交报告。

3. 劳动行政部门确认报告后,会督促用人单位或相关保险机构给予务工者相关赔偿。

4. 如果劳动者发现用人单位瞒报、漏报职业病,就可以向劳动行政部门报告,请求帮助。在某些情况下,也可以请律师,上法院起诉用人单位。

5. 如果务工者对赔偿结果不满意,也可以依法提起诉讼。

八、务工期间出了工伤事故怎么解决

(一)工伤的范围

要解决务工期间的工伤事故,首先要明确工伤的范围。根据《工伤保险条例》的规定,职工有下列情形之一的,应当认定为工伤:①在工作时间和工作场所内,因工作原因受到事故伤害的;②工作时间前后在工作场所内,从事与工作有关的预备性或者收尾性工作受到事故伤害的;③在工作时间和工作场所内,因履行工作职责受到暴力等意外伤害的;④患职业病的;⑤因工外出期间,由于工作原因受到伤害或者发生事故下落不明的;⑥在上下班途中,受到机动车事故伤害的;⑦法律、行政法规规定应当认定为工伤的其他情形。职工有下列情形之一的,视同工伤:①在工作时间和工作岗位,突发疾病死亡或者在48小时之内经抢救无效死亡的;②在抢险救灾等维护国家利益、公共利益活动中受到伤害的;③职工原在军队服役,因战、因公负伤致残,已取得革命伤残军人证,到用人单位后旧伤复发的。

(二)工伤的认定

根据劳动和社会保障部的规定,用人单位应当自事故伤害发生之日起30日内向统筹地区劳动保障行政部门提出工伤认定申请。遇到特殊情况,申请期限可延长至30日。工伤职工或其直系亲属、工会组织在事故伤害发生之日起一年内,可以直接向用人单位所在地统筹地区劳动保障行政部门提出工伤认定申请。一般来说,职工工伤保险待遇申请应当经企业签字后报送。但如遇企业不签字的情况,工伤职工或其亲属可以直接报送申请。劳动保障行政部门在接到用人单位的工伤报告或职工的工伤保险待遇申请后,应当组织工伤保险机构进行调查核实。劳动保障行政部门应当自受理工伤认定申请之日起60日内作出工伤认定决定,对不能提供劳动关系或事实劳动关系证明的,告知申请人提起劳动仲裁以确定劳动关系,仲裁时间不累计在受理的规定时间内,对不符合认定条件的要告知申请人,对认定为工伤的发工伤证。

(三)劳动能力鉴定及工伤评残

停工留薪期满或伤情基本稳定的,由用人单位、工伤职工或者其直系亲属向用人单位所在地的设区的市级劳动能力鉴定委员会提出申请,并提供工伤认定决定和职工工伤医疗的有关资料。根据《工伤保险条例》的规定,申请劳动能力鉴定应提交工伤认定决定和职工工伤医疗的有关资料。工伤认定决定是由劳动保障行政部门根据国家的政策、法规的规定,确定职工受伤或者职业病是否属于工伤范围及是否符合工伤的基本条件的书面决定。职工工伤医疗的有关资料是指职工受到事故伤害或者患职业病,到工伤保险指定的医疗机构进行治疗过程中,由医院记载的有关工伤职工的病情、病志和治疗情况等资料。

根据《工伤保险条例》第二十一条的规定,下面三种情况下工伤职工应当进行劳动能力鉴定:第一是工伤职工经过治疗后,伤情处于相对稳定状

态,这样便于劳动能力鉴定机构聘请的医疗专家对伤情进行鉴定;第二是工伤职工经工伤治疗后,发现因工伤的原因造成职工身体上的残疾;第三是工伤职工的残疾影响到职工本人的劳动能力。设区的市级劳动能力鉴定委员会应当自收到劳动能力鉴定申请之日起60日内作出劳动能力鉴定结论,必要时,作出劳动能力鉴定结论的期限可以延长30日。劳动能力鉴定结论应当及时送达申请鉴定的单位或者个人。

申请鉴定的单位或者个人对设区的市级劳动能力鉴定委员会作出的鉴定结论不服的,可以在收到鉴定结论之日起15日内向省级劳动能力鉴定委员会提出再次鉴定申请。省级劳动能力鉴定委员会作出的劳动能力鉴定结论为最终结论。

如果申请人超过了15日才向上一级劳动能力鉴定委员会提出申请,上级劳动能力鉴定委员会可以以超过时效为由不予受理。同时,劳动能力鉴定委员会的鉴定结论是不可诉的。

自劳动能力鉴定结论作出之日起一年后,工伤职工或者其直系亲属所在单位或者经办机构认为伤残情况发生变化的,可以向设区的市级劳动能力鉴定委员会申请劳动能力复查鉴定。

工伤劳动能力鉴定的标准是《职工工伤与职业病致残程度鉴定》,伤残标准共分为一级至十级:一级至四级为丧失全部劳动能力,五级至六级为丧失大部分劳动能力,七级至十级为丧失部分劳动能力。

九、什么是劳动争议

劳动争议是指劳动关系双方当事人因劳动权利和劳动义务所发生的争议。劳动争议产生的前提条件是建立劳动关系。产生劳动争议的主要原因包括以下几个方面:

1. 由于录用、调动、辞职、自动离职和开除、除名、辞退就业者问题引起的争议。

2. 由于劳动报酬问题引起的争议。

3. 由于劳动保险和生活福利问题引起的争议。

4. 由于职业技能培训问题引起的争议。

5. 由于工作时间、休息时间、女工及未成年人保护、劳动安全与卫生问题引起的争议。

(6) 由于奖励和处罚问题引起的争议。

(7) 由于履行、变更、解除和终止劳动合同问题引发的争议。

(8)其他有关劳动权利、义务问题引发的争议。

十、法院受理哪些劳动争议案件

劳动者与用人单位之间发生的下列纠纷,属于《劳动法》第二条规定的劳动争议,当事人不服劳动争议仲裁委员会作出的裁决,依法向人民法院起诉的,人民法院应当受理:

1. 劳动者与用人单位在履行劳动合同过程中发生的纠纷。
2. 劳动者与用人单位之间没有订立书面劳动合同,但已形成劳动关系后发生的纠纷。
3. 劳动者退休后,与尚未参加社会保险统筹的原用人单位因追索养老金、医疗费、工伤保险待遇和其他社会保险费而发生的纠纷。

劳动争议仲裁委员会以当事人申请仲裁的事项不属于劳动争议为由作出不予受理的书面裁决、决定或者通知,当事人不服,依法向人民法院起诉的,人民法院应当分别情况予以处理。

1. 属于劳动争议案件的,应当依法受理。
2. 虽不属于劳动争议案件,但属于人民法院主管的其他案件,应当依法受理。

劳动争议仲裁委员会根据《劳动法》第八十二条规定,以当事人仲裁申请超过60日期限为由,作出不予受理的书面裁决、决定或者通知,当事人不服,依法向人民法院起诉的,人民法院应当受理,对确已超过仲裁申请期限,又无不可抗力或者其他正当理由的,依法驳回其诉讼请求。

劳动争议仲裁委员会以申请仲裁的主体不适合为由,作出不予受理书面裁决、决定或者通知,当事人不服,依法向人民法院起诉的,经审查,确属主体不适合的,裁定不予受理或者驳回起诉。

劳动争议仲裁委员会为纠正原仲裁裁决错误重新作出裁决,当事人不服,依法向人民法院起诉的,人民法院应当受理。

十一、法律援助范围及程序

法律援助是为经济困难的或者特殊案件的当事人提供完全免费的法律帮助的一种制度。服务的形式可以是法律咨询,代拟法律文书,提供刑事辩护,民事、行政诉讼代理,非诉讼法律事务代理等,目的是确保公民不会因缺乏经济能力或处于弱势处境而在法律面前处于不利地位,从而保护

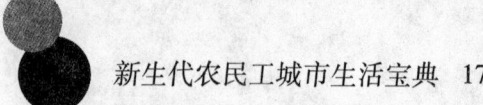

公民的合法权益。

根据《法律援助条例》的规定,公民因请求支付劳动报酬和工伤赔偿的,在经济困难没有委托代理人的情况下,可以向法律援助机构申请法律援助,由法律援助机构指派负有法律援助职责的律师予以免费代理。同时,国务院《关于解决农民工问题的若干意见》规定,对农民工请求支付劳动报酬和工伤赔偿而申请法律援助的,不再审查申请人的经济困难条件。对于经济确有困难而又达不到法律援助条件的农民工而委托律师的,律师事务所适当减少或者免收律师服务费。

务工人员在务工过程中遇到拖欠、拒付最低生活保障金、社会保险金、工资报酬、工伤赔付等侵权行为事件时,可以与当地司法局法律援助中心联系,申请法律援助。其程序为,由当事人填写《法律援助申请表》后,向法律援助机构如实提供:(1)身份证、户籍证明、暂住证或者其他有效身份证明;(2)申请人所在村居民委员会或者乡人民政府、街道办事处或者工作单位出具的申请人家庭成员经济状况证明(农民工追索工资报酬、工伤赔偿事项除外);(3)与申请法律援助有关的案件材料。

法律援助机构将自受理之日起15日内对申请进行审查。法律援助机构根据案件或者事件的具体情况,可以适当延长对申请进行审查的时间,但是延长时间最多不得超过10日。申请人对法律援助机构作出不予提供法律援助的决定有异议的,还可以在收到通知书之日起5日内,向同级人民政府司法行政部门申请重新审议。同级人民政府将在收到重新审议申请之日起15日内作出审议决定,并书面通知申请人和法律援助机构。

目前,在各省、市、县司法行政部门都设立政府的法律援助中心,这些机构都有专职律师,及时给农民工提供免费的法律援助。务工人员可以电话咨询或者直接到当地法律援助中心咨询,并请求帮助。

十二、如何向劳动保障监察部门投诉

根据《劳动法》、《劳动保障监察条例》等规定,任何组织或者个人对违反劳动保障法律、法规或者规章的行为,有权向劳动保障行政部门举报、投诉。

劳动者对因同一事由引起的集体投诉,投诉人可推荐代表投诉。投诉应当由投诉人向劳动保障行政部门递交投诉文书。书写投诉文书确有困难的,可以口头投诉,由劳动保障监察机构进行笔录,并由投诉人签字。

投诉文书应当载明下列事项:(1)投诉人的姓名、性别、年龄、职业、工作单位、住所和联系方式,被投诉用人单位的名称、住所、法定代表人或者主要负责人的姓名、职务;(2)劳动保障合法权益受到侵害的事实和投诉请求事项。

　　对符合规定的投诉,劳动保障监察部门在7日内受理,不符合受理范围的投诉,应告知举报人向有处理权的部门反映。劳动保障监察机构和监察员有义务保护举报人,举报人所举报的违法行为,劳动保障监察机构应为其保密。

第九章
城市生活有讲究

一、城市的行为规范和生活习惯

要融入城市生活,首先要了解适应城市的行为规范与生活习惯。

1. 遵守交通规则很重要。进入城市后,最直观的感觉就是宽阔的道路与川流不息的车辆,在城市里行车或走路一定要遵守交通规则。按照红绿灯指示通行,在过马路时要走人行横道,切不能因为方便而跨越马路上的护栏,或者乱穿马路,非机动车辆行驶时,不要占用机动车辆的道路。

2. 遵守先来后到秩序。在公共场所,比如买东西或去银行等需要排队的场所,都要自觉排队,做到不拥挤和不"加塞",如果自己真的有非常着急的事情和特殊的情况,要经过别人的同意后,方可"加塞"。在乘坐公共交通工具时,要先下后上,不能一拥而上或抢先上车。

3. 自觉维护公共环境。首先,要保持环境卫生的干净、整洁。良好的环境卫生需要大家自觉地维护,要做到不随地乱扔垃圾、果皮,不随地大小便,不在公共场所吸烟,不乱涂乱画,张贴小广告,保持环境清洁。其次,要爱护公共财物。自觉做到不毁坏花草、树木、电话亭、地下管道、垃圾箱等一切公共设施,不随意践踏草坪。

4. 树立良好的时间观念。城市的生活节奏快,时间观念很重要。无论做什么事情都要有提前的意识,讲究效益,尤其是在团队协作的时候,不能总是因为自己的不守时,而影响到他人。

5. 树立良好个人形象。首先,要穿戴得体,不能过于随便,衣冠不整会被看做不雅的行为。其次,要养成良好的卫生习惯,勤洗澡、换衣等,不随地吐痰。再次,要举止得当,尤其注意不要在公共场所大声喧哗。

6. 语言要得体。在与人交往的过程中,注意使用文明用语,如"您好"、

"对不起"、"没关系"、"谢谢"、"请问"等。同时,要避免自己的方言俗语,各地的方言在表述中有一定的差别,不容易被理解,有时还会引起不必要的误会,给沟通交流带来不便。

二、在城市里应遵守哪些交通规则

在城市里应遵守的基本交通规则有:

1. 遵守信号指示灯,驾驶机动车、走路或骑自行车时不闯红灯,走路或骑车时不随意乱穿马路,行人要在人行道上行走,没有人行道时,要靠右行走。

2. 驾驶机动车不争道抢行、不超速超员、不酒后驾车、不逆向行驶。骑自行车时,不占用机动车道。

3. 有过街天桥或地下通道时,行人必须走过街天桥或地下通道,禁止翻越马路上的隔离栏杆。

三、如何查询电话号码

查询电话号码一般有以下两种方法:

1. 通过电话查询。如果查询当地的电话号码,可以直接拨114,如果要查询外地的电话号码,需要在114前面加上长途区号。

2. 通过电话簿查询。一般邮局、车站等场所都备有电话簿,可通过电话簿查找电话号码,但一般的电话簿只能查到当地的电话。

四、常用的急救电话有哪些

为了方便群众应对一些紧急情况,全国统一设有一些特殊电话,这些电话都是免费的。

110——匪警电话。遇到紧急情况,如盗窃、抢劫、打架等,拨打110,讲清楚自己发生了什么事情,准确报明事情的地点,请求警察帮忙。

119——火警电话。遇到着火的情况,首先要拨打119,讲明火灾发生情况如何、地点在哪里,不能夸大,也不能缩小事实,请消防队提供帮助。火警电话和报警电话都不能乱拨,否则要承担法律责任。

120——急救电话。遇到突发病,需要紧急送到医院,可以拨打120,讲明白病人发病的症状。如果知道病人得的是什么病,也要跟医院讲明,医

院的急救车会以最快的速度前来提供帮助。

999——红十字会的急救电话。使用方法和120相同。

122——交通报警电话。遇到交通事故拨打122,讲明出事地点,交警会赶到出事地点处理问题。

五、如何安排业余生活

在远离亲人和朋友的陌生城市生活,业余时间的空虚与乏味是很多务工人员的共同感受。务工之余如何安排好自己的业余时间,丰富自己的业务生活,有以下几点建议:

1.消除疲劳及恢复精力。每天工作或学习会产生疲劳,在业务时间可以放松心情,缓解压力,使自己的精力得到及时的恢复。

2.学习文化知识及提高业务技能。务工人员中有很多是初、高中毕业后就进入了城市,在城市中这些知识显得有些不够用。如果想在城市里站住脚跟,自己把握自己的命运,只能通过不断地学习,提高自己的知识水平,掌握更多的技能。

3.广交朋友。一个人在外要注意广交朋友。所有帮助过自己的人,自己也要主动帮助他们,体贴他们的难处,做一些自己力所能及的事。还可以跟朋友多交流交流工作的经验和体会,互相学习,共同进步。

下面这几种业余生活习惯是应当避免的:

1.参加不良活动。例如打麻将、熬夜打牌、酗酒、参加黑社会闹事等。

2.睡懒觉。务工很辛苦,有的人工作很累,所以业余时间就拼命地睡觉,什么事情都懒得想,这也是不对的。业余时间休息是应该的,但睡懒觉容易消磨人的意志和进取心,还对身体有害,因此也应该戒除。

3.不与外界交往。有的务工者只与老乡或者小圈子的几个人交往,不愿意结交更多的人,这不利于自身的发展。因为这样会阻碍你扩大视野,增长见识,会限制你的思路,影响你的前途,也会减少生活的乐趣。所以应该敞开心扉,去接触来自五湖四海的朋友。

4.拉帮结派。在城市务工,老乡来往较多,但是如果为了狭隘的利益拉帮结派,这样会给公司、工厂的管理带来麻烦,也容易引发打架闹事,危害社会治安。所以不要拉帮结派,要学会和每个人和睦相处。

5.长时间看电视。少量看电视可得到一些知识和快乐,投入的时间和精力不多,是有益的。长时间看电视,花费的时间和精力多,而效果却不大好,并不可取。

六、申办和使用储蓄卡的注意事项

对务工人员来说,如何保管好自己辛苦挣下的血汗钱是一件头等大事。现在银行的营业网点十分普及,在大型的商场、医院和车站都会有银行的自动取款机,购物也可以刷储蓄卡,并且储蓄卡不受银行工作时间的限制,随时需要钱,都能在自动取款机上进行操作提取。所有的银行都有自己的储蓄卡业务,它的功能和存折相似,更打破了存折只能在银行大厅进行存取款的限制,因此越来越多的人选择使用储蓄卡。

申办储蓄卡时,首先要明确自己想在哪个银行办理,了解不同银行储蓄卡在使用过程中产生的费用标准。同时,要考虑到选择的银行在自己家乡是否有营业网点,方便自己回到家乡使用。虽然储蓄卡可以进行联网操作,不同银行的取款机上也可以使用,但是要按比例收取跨行手续费。选择好银行后,要带上个人的身份证,到银行的大厅进行办理。可以根据个人需要,在申办储蓄卡时,办理同账号的存折,每笔交易在存折上会有明确的显示,查看起来比较方便。有条件的情况下,最好开通短信提醒业务,在存取款的第一时间就会有信息提示发送到手机上,包括本项业务的金额以及当前储蓄卡上的余额。如果发现有不当的操作,可以及时地跟银行工作人员进行联系。

在使用储蓄卡的过程中,一定要记住自己的储蓄卡密码,不要随便告诉他人。如果存折或储蓄卡丢失,必须带上身份证尽快去银行挂失,并且严格按照自动取款机上的操作提示进行操作。遇到疑问时,求助银行工作人员。

在储蓄卡使用过程中如出现自动取款机吞卡时,不要慌张,及时联系银行工作人员,讲明事情原因,在工作时间带上本人身份证到指定的窗口领取。

七、存款、取款与汇款的注意事项

(一) 存款的注意事项

一是存款实名。储户在储蓄时应使用真实姓名。因为万一存单或存折遗失,储户须持与存单或存折上的户名一致的身份证件才能向银行申请挂失。如果使用化名,储户与银行间原有的债权债务关系不再受法律保护,需银行、公安部门进一步核实后,才可重新确定此种关系。

二是认真检查。储户必须认真检查银行开出的存单、存折或打印出的户名、存期、金额等是否清晰正确,如有差错,应及时要求银行更正。

三是记录要素。储户应准确及时地记录好存单或存折上记载的各项要素,如户名、账号、存款种类、存入日期、存款银行地址或名称。这样,万一存单、存折遗失或被盗时,储户可凭记录向银行提供存单或存折的要素,便于银行迅速找到记录,以便挂失时有据可查。

四是分开保管。储户应分开保管好存单或存折、身份证及印章。此外,也应将记录存单或存折要素的笔记本与存单、存折分开保管。

五是及时挂失。储户一旦发现存单、存折被盗或遗失,应及时带上身份证件,到存款开户的储蓄机构申请挂失,5日之内及时补办书面申请。

六是预留密码。储户应尽量采用存单加密码存储的方式。密码只要自己记住,即使存单被盗,小偷也无法取款。

七是到期转存。定期存单到期后应及时提取或转存。否则,他人持有到期存单,银行见单即付款,不审查身份证件。

八是定期核对。如采用信用卡存款,每月应与发卡机构送的上月对账单核对,如金额有出入,应及时到发卡银行去查询。

九是选择银行。凡正规的储蓄机构,均有当地人民银行发给的《经营金融业务许可证》。此外,储户应尽量选择有电子监控系统的银行,万一他人冒名支取时可从银行部门的录像中查出。

随着ATM的广泛运用,现在越来越多的人选择使用ATM进行存取款、转账操作。ATM存款时的注意事项有:第一,钱要整洁,平整;第二,钱要干净,没有污垢字迹;第三,钱上没有很明显的折印。

(二)取款的注意事项

1. 认真清点现金。

2. 清点现金应逐捆、逐把、逐张进行。

3. 清点时不能随意混淆或丢弃每一把的腰纸,只有将全捆所有把数清点无误后,才可以将每把的腰纸连同封签一起扔掉。

4. 在清点时发现有残缺、损伤的票币或者假钞,应向银行要求调换。

6. 在清点过程中,如果发现确有差错,应将所取款项保持原状,通知银行经办人员,妥善进行处理。

使用ATM取款的注意事项有:

1. 请不要用生日号码、手机或电话号码作为各种取款卡的密码。

2. 避免晚上到ATM机上取款,取款前请确认取款机是否正常。

3. 取款时请提醒不自觉的人员退到 1 米外,输入密码时请用手遮挡。

4. 不论任何理由,不要将自己的取款卡交给陌生人。

5. 请事先记好自己发卡银行的业务联系电话。

6. 如果取款卡被吞卡,请即时联系发卡银行确认。

7. 如果丢失了取款卡,请及时向发卡银行挂失。

8. 切勿乱扔在银行填写的作废存取款单据,取钱后先观察一下周围再离开。

9. 不要理会任何提示刷卡消费中奖的短信息。如果参加了某个抽奖活动,请记下对方公司或商场的联系电话,以便直接联系确认。

10. 在收到核对信用卡(取款卡)的短信息时,请不要轻易相信,绝对不可以在电话中告诉别人你的密码,否则你卡里的钱可能会一分不剩。

(三)汇款的注意事项

在填写汇款单时,个人的证件号码、收款人的姓名和银行卡号一定要填写清楚。汇款手续办完后,会有一张汇款凭条,要妥善进行保管,如对方未收到汇款,要凭借个人有效证件和汇款凭条到银行进行查询。转账时,要注意是否将对方的银行卡号输入无误,并且会有对方信息提示,如果发现错误,及时进行核对,同时要打印和保管好凭条。

八、常见的骗局有哪些

务工者在日常生活中可能会遇到五花八门的骗局,但是归纳起来主要分为"三局"和"五计"。

(一)"三局"

1. "炸药包"骗局。务工者很容易被骗子盯上,尤其是初到城市的务工者。因为骗子很容易就看出你初来乍到,知道你容易上当。"炸药包"骗局是这样的:当你正在行走或骑车时,会忽然发现地上有一枚金戒指或其他装有贵重物品的包裹,你发现这个东西的时候,会有另外一个人走过来,说你们两个同时发现这东西,既然同时发现就都有份,但他会做出很大方的样子,说如果你给他多少钱这东西就归你了。通常情况下,他似乎很吃亏,例如,捡到的东西价值 1000 元,他会要你给他 100 元,这东西就归你。如果你觉得自己很合算,就中了他的圈套,实际上你得到的东西是假的,根本不值钱。

2."碰瓷"骗局。当你走在路上,会有人突然撞你一下,而这个撞你的人可能怀里抱着什么贵重的东西,这一撞就把那个东西"撞坏"了,他就会说自己的东西如何珍贵,你必须赔钱,你不赔对方就用各种方法吓唬你,你一害怕,就可能乖乖地给人家赔钱,这种现象称为"碰瓷"。如果碰上了这种事情,不要怕,可以跟对方心平气和地说或者一起到公安部门去,而且要敢于揭穿对方的骗局。

3."中奖"骗局。在火车或长途汽车上,经常会有人喝饮料,突然说"我中奖了",瓶盖上印了"5万元"或其他金额的奖项,这时就会有人出钱买他中奖的瓶盖,而这些人其实是跟他一伙的,他们一起在演戏,准备骗别人的钱。最后就会有人出几百元甚至上千元购买这个中奖的瓶盖,等人家下车走了,自己去兑奖,才发现"发财梦"真是个梦,这个瓶盖是假的。

无论是什么样的骗术,都是利用人们贪财、占小便宜、胆小怕事的心理。只要我们克服占小便宜的心理,这些骗术是可以识破的。

(二)"五计"

1."掉包"计。骗子常常以利相诱,如利用捡到钱物平分、假冒贵重物品等手段,将诱饵抛到旅客面前。

2."换钱"计。骗子利用外国汇率低的货币,假装突遇急事要与旅客进行高额兑换。旅客一旦动了贪念,便掉进了骗子的圈套。

3."老乡"计。骗子假扮同乡,与旅客套近乎,使其放松警惕,从而实施诈骗。因此,不要把财物、行李、车票交给不认识的人看管,以防丢失,更不要吸、食、饮用陌生人提供的香烟、食品和饮料,以防被骗。

4."拉客"计。一些拉客人员活动在车站周边,他们的主要拉客对象是返家心切的民工、学生等。旅客稀里糊涂上车后,才发现拉客人员先前的承诺全没了,车票漫天要价、不按时发车等不仅耽误行程,旅客的人身财产安全也没有保障。

5."手机"计。诈骗者与受害人搭讪套近乎或以谈生意为由,约受害人一起就餐或喝茶,借口自己手机没电或没信号,借用受害人手机,趁其不备溜走。有的骗子利用聊天手段,套取旅客家庭电话及相关资料,然后打电话给其家人骗取钱财。

九、女工如何进行自身安全的保护

女性务工人员作为权益易受侵害的群体之一,应该懂得如何保护自身

的安全,在进城务工时,要注意以下几点:

1. 在进城务工前,了解有关自我保护的法律知识,如应当通过什么手段来保护自己的合法权益、什么行为属于违法范围、受到不法侵害后该怎么办等。了解《中华人民共和国妇女权益保障法》中的有关知识,了解《婚姻法》的有关知识以及一般的《劳动法》知识,以维护自己在生活、婚恋、劳动中的各项权利。

2. 善于分辨真伪。不要轻易相信他人,尤其是那些花言巧语要帮你介绍一个待遇特别好的工作的人,记住"天上不会掉馅饼"。一旦发觉上当,应迅速找警察,拨打110报警电话,报告公安、保卫部门。此外,还要注意,现在有一些骗子假冒"治安队"或其他国家工作人员的名义,提出一些要求,这个时候要注意他们是否有证件或者证明,没有的就不要听从他们的要求。

3. 要经常与家人或朋友保持联系,让他们知道自己的情况和去向,万一有什么事情发生,也可以及时得到帮助。此外,外出务工者的家人,也应该主动与外出务工者联系,一旦出现中断联系的情况,应该主动到他(她)的工作单位或者居住地打听情况,以免务工者遭遇不测。

第十章
发展创业最光荣

一、学到手的技术回到家乡还能用上吗

到城市务工,确实是一个学习技术的好机会。当学会一门技术以后,无疑会在城市里得到更多的工作机会。但是并不是每个到城市务工的人都能在城市找到归宿,很多务工人员还是会回到家乡。那么,这些在城市里学到的技术,回到家乡以后还有用吗?

很多有志农村青年在城市里不仅学到技术,而且开阔了眼界,获得了创新的观念和丰富的社会经验,磨炼了坚强的毅力。回到家乡后,他们应该成为发现机会、把握机会的创业带头人。

随着我国城市化程度的不断提高,城市对乡村的辐射逐渐扩大,农村也开始发展各种产业,乡镇企业和个体私营企业也在蓬勃发展,他们对技术人才的需求越来越多,要求也越来越高。因此,城市务工人员在城市里学到的技术,回到家乡一样有用武之地,他们可以凭着自己的技术到地方企业就业,甚至可以担任厂里的技术骨干,凭着他们掌握的技术,他们可以结合当地的资源,创办民营企业,开拓自己的事业。

在农村施展所学技术的机会还有很多。如果在城市里的修车厂工作,学到了修车的技术,而且家乡交通比较发达,有国道、高速公路经过,那么可以自己开办或者与他人合资开办一个汽车修理厂或汽车配件商店,为来往的汽车服务;如果在城市的发廊工作过,学习到一些理发、美容的技术,自己回到家乡一样可以在村、镇或县城开一个美容美发店,好的服务同样可以赚钱;如果在城市里从事建筑行业,熟悉建筑技术及建筑队伍管理技术,那么回到家乡,自己也可以组织一支建筑包工队,为家乡人建房造屋服务。所以说,只要有技术、有勇气、有魄力,家乡同样是施展才华、开创事业的地方。

二、确定自己的创业目标

对于没有经验的创业者而言,选准适合自己的创业目标,是成功的关键。

选择自己熟悉的行业,能够驾轻就熟,得心应手,能够拥有更多的信息,知道哪些商品有市场、有前途,知道不同产品的优劣及消费者的要求,知道市场的发展方向,从而做出正确的判断与决策。因此,在确实创业目标时不妨问自己:"了解这个行业吗?""干什么最有把握?"应将目标放在朋友多、门路多、人际关系好、办事渠道畅通、信息来源广而快的行业。总之,要对自身实力有清晰的了解和准确的定位,善于扬长避短、扬长补短,并且要紧密结合个人专长和兴趣。

不管干哪一行,高风险有高效益,低风险有低效益,创业者可根据自己的实际情况去选择。创业应从小生意做起,不能好大喜功。大老板也都是从小生意做起的,有了一定的资金和经验后再扩大规模,做成大生意。

三、创业的基本程序

要想创业,首先要了解创业所需的以下几个条件:(1)产品为社会所需要;(2)有能源、原材料、交通运输的必要条件;(3)有自己的企业名称和生产经营场所;(4)有符合国家规定的资金;(5)有自己的组织机构;(6)有明确的经营范围;(7)符合法律和法规规定的其他条件。

(一) 充分了解市场,选定创业项目

大量创业成功者的实例研究证明,选定好的创业项目是创业成功的前提和基础。选择创业项目,不仅要对自身的兴趣、特长、实力进行全面客观的分析,而且要善于进行市场环境调查。充分的市场调查可使创业者了解行情,明确目标,分析竞争对手,找出自己的优势,从而确定创业的思路和决策。

(二) 拟订创业计划

选定创业项目是指决定创业"干什么",拟订创业计划则是指决定创业"怎么干"。好的计划是创业成功的一半。只有拟订切实可行的创业计划,创业活动才能有的放矢,减少失误,提高创业成功的把握度。

(三) 筹集创业资金

常言说,巧妇难为无米之炊。创业也是一样,必须有一定的资金,否则,创业活动就无法开展。但是,由于创业者一般都缺乏资金,因此,筹集创业启动资金就成为创业者必须解决的一个重要问题。贷款一般是筹集资金的主要方式,可以分为商业银行贷款和民间借贷。

(四) 办理创业的有关法律手续

投资创办企业必须按照有关法律法规要求办理有关手续方能开业。其项目主要是办理工商登记注册手续、办理税务登记手续和办理银行开户手续等。

(五) 创业计划的实施与管理

创业者完成了前四个步骤的工作后,接下来就要按照拟订的创业计划要求,组织调配人、财、物等资源,实施创业计划并加强管理。如果说前四个步骤是创业活动的准备阶段,那么这一步骤就是创业活动的实施阶段。创业实施阶段的工作既是创业活动的重点,也是创业活动的难点。这一阶段的工作要求创业者不仅要有吃苦耐劳、不屈不挠的精神,更要讲究工作方法、运用经营管理策略,只有这样方能实现创业目标。

四、创业时要注意的问题

(一) 客观的自我评估

创业者的自我评估,主要是指对个人的身体情况、创业意识和创业能力等内在因素进行的综合分析,以确定自己是否适合创业。如果发现自己适合创业,还要进一步考虑自己适合在哪些行业创业、以什么项目为切入点进行创业等问题。

身体情况:创业者的身体情况主要是指健康和精力两方面的内容。这里的健康不仅是指身体处于没有疾病的状态,体格强壮,能够支撑长时间的工作,而且还指在心理上能够承受外界的压力,能对环境的变化作出相应的调整,能够以一种合适的心态来面对工作和生活中的问题。

创业意识:创业意识主要由创业需要、创业动机、个人兴趣、个人理想、个人信念和世界观等因素构成。强烈的创业意识是创业实践活动赖以展开的最初诱因和最初动力。只有拥有强烈的创业意识,才能激活创业者的创业激情,使其产生克服艰难险阻的大无畏精神与坚强的意志,为了自己的理想坚持不懈地向前奋进。所以说,创业意识是影响创业活动的主观意识因素,缺乏强烈的创业意识的人不太适合创业。

创业能力:创业能力是一个人创业成功的重要保障,也是评价自我是否适合创业的一个硬性指标,主要包括自身的专业知识和专业技术、经营管理能力(包括善于经营、善于管理、善于用人、善于理财等)、综合能力(包括理性认知能力、综合感知能力、捕捉机遇能力、公关能力、应变能力等)。

(二) 选准行业

创业要选择自己专且精的事业,不能跟风追潮,看见别人挣钱的行业,就觉得适合自己。在个人创业阶段,选准行业对个人发展有很大的影响。任何一个行业,都不是独立存在的,相互衍生的项目很多。要选择适合群体广泛、竞争不太激烈、投资少、风险小、见效快的行业。

(三) 选准地方

不同的企业,在选址上不尽相同,但选址时应考虑对自己创业的发展是否有帮助。如创办餐馆,地址就要选在人员密集之处,像商业中心、住宅小区、车站及旅游景点附近等;创办畜禽饲料加工厂,应选在原料供应方便、离用户近的农村或城乡结合部附近。选址是否恰当,会直接影响到企业的发展与成败。

(四) 要有长期规划

创业是一个艰苦曲折的过程,没什么捷径可走。对企业的发展而言,"稳健"永远比"成长"重要,因此要有跑马拉松的耐力及准备,按部就班,不可存有抢短线的投机做法。创业时注意打好坚实牢固的知识基础,这样,所开创的事业才有腾飞的可能。

(五) 遵纪守法

遵纪守法是每个创业者的基本义务,只有严格遵守国家法律才能更好地发展各自的事业,成就人生。如果创业者不遵纪守法,就不为社会所容,从而失去了创业的基础,即使已经创业,也会使自己的事业受损。一些企业违法乱纪,售假冒伪劣产品,严重侵害消费者的权益,其结果必然是咎由自取,轻者受罚,重者锒铛入狱。由此可见,要想创业成功就必须走正道,随时都要把国家的法纪牢记心中。

五、少投资也可以挣钱的职业

务工人员经历了城市的打拼,积累了一定的工作经验,在此基础上,他们想自己投资做些小生意。但是由于资金有限,只能做些小本投资。经济愈发达,社会愈进步,人们的需求就愈细化。事实上,大市场之间一定存在着大企业无暇顾及的缝隙市场,因此,小额投资者应该跳出固有、狭窄、强化的思维模式,从更长远的时空上把握市场运作规律,深入研究消费需求,独辟蹊径,致力于经营"人无我有"的商品和服务,巧占市场盲点。

(一) 种植养殖业

改革开放以来,我国农业人口的主要收入来源发生了巨大的变化,已经逐渐从传统的种植业为主的劳动、创收模式,发展成为以种植业、养殖业和外出务工为主的劳动和创收的模式。在种植业、养殖业方面,随着绿色农业和现代养殖业的迅猛发展,很多中国农民已经无法再从传统的农业和畜牧生产中去获取比较高额的回报了。

创业建议:绿色农业和现代养殖业,具有投资小、规模小、回报高等特点,适合我国农民发展。

(二) 大众餐馆

民以食为天,即使金融危机席卷全球,仍有不少人士看好餐饮业。价格低廉而又不失体面的餐厅,在当前经济不景气的情况下仍然受到食客们的追捧。

大众点评网2008年作的一项统计数据显示,2008年第四季度各地餐饮市场中,人均消费50元以下餐厅所占市场比例达到了60%,在广州和南京这一比重甚至超过了70%。

创业建议:连锁快餐店一般投资者较多,创业者申请加盟、特许经营或代理等时,可多参考对方的意见。如麦当劳特许经营热线称申请人需具备的条件包括外向、善于交际、有管理及训练人员的能力、愿意接受为期约12个月的培训等。

(三) 家庭旅馆

家庭旅馆,又称自助公寓,即由一个家庭空出几间房屋或者将整间房子作为客房出租。家庭旅馆的主体是居民自有住房的短期出租。游客可以自己买菜、做饭,就像住在自己家里一样。这目前在中国仍是一种比较新颖的住宿经营模式,其发展潜力不可估量。这种新型的旅馆凭借其低廉的价格、安全舒适的服务方式、温馨的家庭感受和特色服务,受到不少消费者的青睐,也受到众多酒店业投资家、创业者的关注。

创业建议:家庭旅馆的前景好坏与其所处环境有直接关系,如离景区近更有优势,让游客品尝农家菜或参与采摘之类的活动更具吸引力,环境良好、服务周到热情的旅店更受欢迎等。

后　记

在不少人的印象中,新生代农民工是穿梭在工地上的"泥人"、挂在高楼玻璃上的"蜘蛛人"、辗转于城市角落送快递的"飞毛腿"、矿井下的"黑人"……不错,他们就是这种人,他们干着苦、难、险、重的工作,待遇却出奇得低、出奇得差。农民工在城市中仍然享受不到市民待遇。

值得庆幸的是,农民工问题已经得到各级政府的关注,也得到了社会各界的关心。著名作家郑彦在《期待微笑》一文中曾说:"我的侄辈也站在这个行列,我每每接他们的电话时,心里忐忑不安,我以最大的能力去帮助他们,但也只是解一时之渴,能放松他们长期被挤压的心灵吗?"作家们对新生代农民工的关切何等深沉!

改革开放以来,农民工对国家建设的贡献有目共睹,特别是近些年来,新生代农民工重铸了城市的辉煌。"我们是城市的脚手架,有了我们才有高楼大厦……"这是许许多多新生代农民工喜欢唱的一首歌。在城市里,他们挥汗如雨,为城市建起了一幢幢高楼、一条条通衢大道;他们风雨无阻,骑着自行车穿行在大街小巷,为市民送去一袋袋牛奶、一份份报纸。在制造、纺织、煤炭、建筑、餐饮和服务等行业中,城市人不愿意干而又与日常生活息息相关的工作,几乎都由他们承担。一位市长曾说,没有农民工,我们城市就会瘫痪。据河南省有关部门估算,新生代农民工对河南省GDP的贡献在20%以上。

祖国建设一日千里,民工潮现象依然方兴未艾。老一代农民工离开城市,更多的新生代农民工又涌进来。近年来,共青团河南省委一直关注新生代农民工问题,关注新生代农民工融入城市,为此专门成立了"新生代农民工课题组"负责调查、研究新生代农民工融入城市问题,为党委、政府的决策提供了诸多很好的建议。笔者荣幸地名忝其列,深为青年才俊们的忧民情怀而折服。于是,便有了本书的构思。如果本书能为数以千万计的新生代农民工融入城市提供些许帮助,笔者不胜欣慰。

"身上沾泥花,脸上挂汗花。为了一个梦,进城闯天下。昨天我是农民,今天当工人,城市的新主人意气风发。兄弟姐妹把胸膛挺起来,历经艰辛不怕风吹雨打,相信自己的力量,相信未来,我们的人生一样好年华。"由王宝强领唱的《农民工之歌》登上了春晚,昭示着新生代农民工的心声和豪迈,相信经过社会各界及他们自身的努力,他们的未来一定会更美好!

感谢侯红书记,她在百忙中拨冗为本书作序,为这本小书增添了许多荣光。我们将以更加勤奋的工作来回报她。

作　者

2011年11月

打造学术精品　服务教育事业
河南大学出版社
读者信息反馈表

尊敬的读者:

感谢您购买、阅读和使用河南大学出版社的_____一书。我们希望通过这张小小的反馈表来获得您更多的建议和意见,以改进我们的工作,加强我们双方的沟通和联系。我们期待着能为您和更多的读者提供更多的好书。

请您填妥下表后,寄回或发 E-mail 给我们,对您的支持我们不胜感激!

1. 您是从何种途径得知本书的?
　　□书店　□网上　□报刊　□图书馆　□朋友推荐
2. 您为什么决定购买本书?
　　□工作需要　□学习参考　□对本书感兴趣　□随便翻翻
3. 您对本书内容的评价是:
　　□很好　□好　□一般　□差　□很差
4. 您在阅读本书的过程中有没有发现明显的专业及编校错误? 如果有,它们是:
　　_____
　　_____

5. 您对哪一类的图书信息比较感兴趣:_____
　　_____

6. 如果方便,请提供您的个人信息,以便于我们和您联系(您的个人资料我们将严格保密):
　　您供职的单位:_____
　　您教授的课程(老师填写):_____
　　您的通信地址:_____
　　您的电子邮箱:_____

请联系我们:
电话:0371-86059712　0371-86059713　0371-86059715
传真:0371-86059713
E-mail:spengw@163.com
通讯地址:河南省郑州市郑东新区CBD商务外环路商务西七街中华大厦2304室

河南大学出版社高等教育出版分社